数据挖掘方法与应用

主　编　田雅娟

副主编　马敬芝　孙青茹　甄　力

科学出版社

北　京

内 容 简 介

本书对数据挖掘中常用的建模算法进行系统介绍，内容涵盖了数据预处理、关联规则挖掘、聚类分析、决策树及组合算法、贝叶斯分类、支持向量机、人工神经网络等。在阐述每种算法基本理论的基础上，同时给出基于 R 软件的应用方法。这种理论与应用相结合的方式为读者理解和运用这些方法提供了坚实的基础，有助于读者由浅入深、循序渐进地理解相关内容并用以解决实际问题。

本书可以作为高等院校本科生、研究生的数据挖掘课程教材，也可以作为从事数据分析、高等统计分析工作以及相关数据工程技术人员的参考用书。

图书在版编目（CIP）数据

数据挖掘方法与应用 / 田雅娟主编. —北京：科学出版社，2022.4

ISBN 978-7-03-069443-0

Ⅰ. ①数…　Ⅱ. ①田…　Ⅲ. ①数据采集－高等学校－教材　Ⅳ. ①TP274

中国版本图书馆 CIP 数据核字（2021）第 148095 号

责任编辑：方小丽 / 责任校对：贾娜娜

责任印制：张　伟 / 封面设计：蓝正设计

科学出版社出版

北京东黄城根北街 16 号

邮政编码：100717

http://www.sciencep.com

北京九州迅驰传媒文化有限公司 印刷

科学出版社发行　各地新华书店经销

*

2022 年 4 月第　一　版　开本：787×1092　1/16

2024 年 1 月第四次印刷　印张：10

字数：237 000

定价：68.00 元

（如有印装质量问题，我社负责调换）

前　言

党的二十大报告指出："我们要坚持教育优先发展、科技自立自强、人才引领驱动，加快建设教育强国、科技强国、人才强国，坚持为党育人、为国育才，全面提高人才自主培养质量，着力造就拔尖创新人才，聚天下英才而用之。"教材是教学内容的主要载体，是教学的重要依据、培养人才的重要保障。在优秀教材的编写道路上，我们一直在努力。

移动互联网、云计算、人工智能等技术的出现和普及推动了各领域数据的爆炸式增长。对海量数据中隐含信息的挖掘与应用成为当今时代的主要研究命题。数据挖掘作为一种深入到海量复杂数据中挖掘、搜寻数据隐含模式和规则的技术，在商业、医疗、金融、政府管理等众多领域都得到了广泛的应用。

数据挖掘是一门交叉学科，融合了统计学、数据库、机器学习、模式识别、可视化等多门学科的知识，内容广泛且理论深，对学习者来说，单纯的理论学习枯燥且困难，很难实现较好的效果。同时，数据挖掘是一门实用性很强的学科，运用数据挖掘方法实现特定领域内数据信息的提取，是学习者的主要目的。因而，在数据挖掘学习中，理论与实践相结合的学习方法最为适用。

为适应我国数据挖掘教学工作的需要，作者结合多年的数据挖掘教学实践和科研应用，对数据挖掘相关主题进行系统梳理，较为全面地介绍了数据挖掘的常用算法。内容涵盖了数据预处理、关联规则挖掘、聚类分析、决策树及组合算法、贝叶斯分类、支持向量机、人工神经网络等内容。在每种算法讲解中力求内容完整，详略得当，并选取开源软件R语言作为应用工具进行应用介绍，基于理论与应用相结合的方式，带领读者由浅入深、循序渐进地理解和掌握相关内容。

全书内容共分为8章，第1章介绍数据挖掘的概念、产生背景及意义、功能及步骤和常用方法等。第2章介绍数据清洗、集成、变换、规约等数据预处理内容的相关方法和R软件实现。第3章和第4章是无监督数据挖掘方法的介绍，其中第3章主要介绍简单关联规则挖掘和序列关联规则挖掘两种关联挖掘方法的基本理论和R软件实现，第4章主要介绍常用的聚类方法和R软件实现。第5～8章是有监督数据挖掘方法的介绍，其中第5章介绍决策树分类方法及其组合策略的理论和R软件实现，第6章介绍贝叶斯分类方法的理论和R软件实现，第7章介绍支持向量机分类方法的理论和R软件实现，第8章介绍人工神经网络模型的理论和R软件实现。

本书由长期活跃在教学一线的年轻教师合作完成，第1～5章由河北大学田雅娟编写，

第 6 章由河北大学马敬芝编写，第 7 章由河北大学孙青茹编写，第 8 章由河北软件职业技术学院甄力编写，最后由田雅娟负责统一定稿。

在本书的撰写过程中，河北大学的顾六宝教授、朱长存教授、金剑教授，首都经济贸易大学的刘强教授都给予了极大的支持和帮助。同时要感谢韩育洪、田戈扬、李泷、李钰琦、杜兴宇、李岩、王新、李妍八名研究生对相关 R 程序代码的调试和纠错。本书的出版得到了河北大学国家级一流本科专业建设项目（项目编号：2020-YLZY-01）、河北大学一流本科课程建设项目（项目编号：2020-YLKC-28）、河北大学研究生示范课程建设项目（项目编号：SW202103）、河北大学应用统计专业学位研究生培养实践基地建设项目的资助，在此表示感谢！

由于编者水平有限，本书难免存在不足之处，恳请专家和读者批评指正！

编　者

2023 年 11 月

目 录

第1章　数据挖掘导论

【学习目标】通过本章学习，了解数据挖掘的概念、产生背景、意义、功能、步骤及常用方法。

1.1　数据挖掘的概念

数据挖掘（data mining，DM）又称为数据库中的知识发现（knowledge discover in database，KDD），涉及的领域包括机器学习、人工智能、数据分析、数据库及统计学等。数据挖掘就是通过数据分析，从大量数据中寻找其规律的技术，即从大量的、不完全的、随机的数据中，提取潜在的、有价值的、可理解的信息的过程。

数据挖掘的结果具有以下三个基本特征。

1）潜在性

数据挖掘结果的潜在性是指，要发现那些隐藏在数据中的，不易靠直觉发现的，甚至违背直觉的信息。例如，经典的“尿布与啤酒”案例。在这个案例中，沃尔玛利用数据挖掘对其门店的原始交易数据进行分析后意外发现：跟尿布一起购买最多的商品竟然是啤酒。经过调研后发现，住在该超市周边的顾客大部分为年轻夫妇，妻子们经常叮嘱她们的丈夫下班后为小孩买尿布，而丈夫们买完尿布后又会为自己购买一些啤酒。在常规思维中，尿布与啤酒是毫不相关的两种商品，但通过数据挖掘，能将这种不易靠直觉发现的信息挖掘出来，这就是数据挖掘结果的潜在性。

2）有价值性

数据挖掘结果的有价值性体现在是否对决策有意义。对决策没有指导意义的结果是没有价值的。例如，在对居民健康的研究中，若得到的结论是居民健康与运动有显著关系，那么这种结论就不具有很高的价值，因为这是一个常识，常识性的结论或已被人们掌握的事实是没有研究意义的。

3）可理解性

数据挖掘结果的可理解性体现在两方面。一方面是指分析的结论对研究问题具有可解释性。例如，在对某地区犯罪率的数据挖掘研究中，如果得到的结论是“该地区的犯罪率与该地区冰激凌的销售量有密切关系”，那么这样的结论就不具有可理解性。事实上，若研究结果表现出不可理解的相关性，一个可能的原因是研究的变量之间存在虚假相关，另一个可能的原因是其他相关因素传递导致的表象。数据挖掘结果的可理解性的另一方面是指结果易于被用户理解，这就要求结果的表达具有简洁性，最好能用自然语言描述所发现的结果。

1.2 数据挖掘的产生背景及意义

1.2.1 数据挖掘的产生背景

数据挖掘的产生和发展是以相关学科的发展为基础的。随着数据库技术的发展及数据的应用，各行业产生和积累的数据越来越多，传统的查询和统计方法已经无法满足人们对海量数据的分析需求，需要有一种有效地从数据库中获取有价值信息的技术和方法。与此同时，计算机技术的另一个领域——人工智能自 1956 年诞生之后就取得了重大进展，在经历了博弈时期、自然语言理解、知识工程等阶段后，步入了机器学习的阶段，为数据挖掘提供了有效的技术支撑。在这样的条件下，用数据库管理系统来存储数据，用机器学习的方法来分析数据，挖掘大量数据背后的信息和知识，这两者的结合促成了数据库中的知识发现的产生。

数据挖掘是数据库研究中一个很有应用价值的新领域，是一门交叉性学科，融合了机器学习、模式识别、人工智能、数据库技术、统计学和数据可视化等多个领域的理论和技术。

数据挖掘的发展过程是一个兼容并蓄的成长过程，主要分为三个发展阶段，如图 1-1 所示。在初期时，数据挖掘仅仅局限于数据库中的知识发现，发展到中期时，通过融合多学科发展实现了内涵的不断丰富和完善，发展到现在，数据挖掘已经成为大数据时代的关键分析技术。

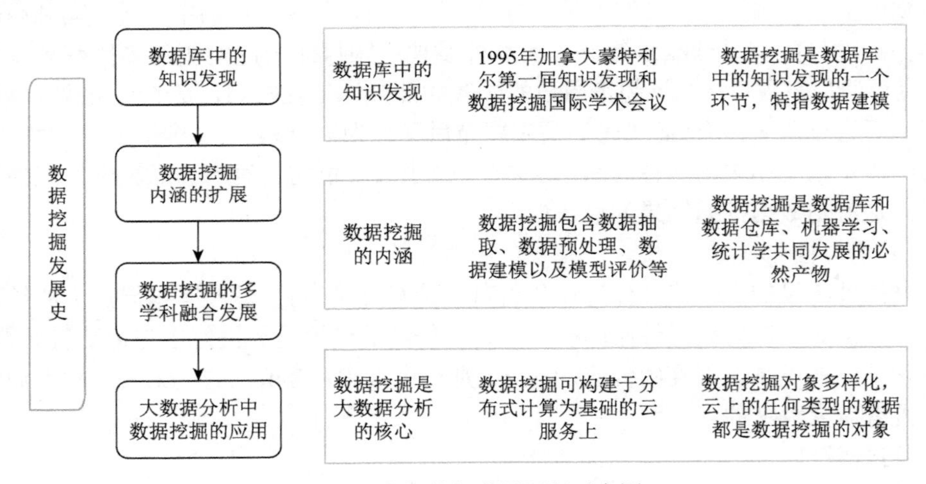

图 1-1 数据挖掘发展历程示意图

1.2.2 数据挖掘技术的意义

互联网技术、物联网技术和云计算技术的蓬勃发展，创造出了一个数字化的网络体系。运行于其中的搜索引擎服务、大型电子商务、互联网金融、网络社交平台等，不断改变着人们生活与生产的方式。同时，参与其中的个人、企业和组织每时每刻都在释放出巨大的数字比特流，从而造就了一个崭新的大数据时代。

数据挖掘技术具有很高的战略意义，它不仅能够存储海量的数据信息，更重要的是能够对这些海量的数据进行专业化的处理。通常人们总结大数据有“4V”的特点，即大量（volume）、高速（velocity）、多样（variety）、价值（value）。采用有效的方法，快速分析这些大量和多样化的数据，并挖掘出其内在的价值就是数据挖掘的意义所在。对于很多行业而言，如何利用这些大规模数据是赢得竞争的关键。

1.3　数据挖掘的功能及步骤

1.3.1　数据挖掘的功能

数据挖掘就是在指定的数据任务中找到模式类型。从数据分析角度出发，数据挖掘可分为两类：描述性数据挖掘和预测性数据挖掘。描述性数据挖掘即以简洁概要的方式刻画出数据的一般特性，而预测性数据挖掘就是基于当前的数据对未来进行预测。数据挖掘的功能主要包括以下六个方面。

1）概念描述

概念描述是指对一个包含大量数据的集合总体的情况概述。对一个含有大量数据的集合特征进行数据汇总、分析和比较并获得简洁、准确的描述。

2）关联分析

关联分析是一种简单、实用的分析技术，就是发现存在于大量数据集中的关联性或相关性，从而描述一个事物中某些属性同时出现的规律和模式。

其中一个广泛的应用是购物篮分析。在这个过程中通过发现顾客放入购物篮中不同商品之间的联系，分析顾客的购买习惯。比如，购买面包的会员中同时购买牛奶的可能性大，还是同时购买香肠的可能性大？购买电水壶的顾客一个月后购买除垢剂的可能性有多大？通过对数据的关联分析，找到上述问题的答案，这对超市的货架布置、进货计划制订、商品促销等都有重要的帮助。

3）数据预测

数据预测就是基于对历史数据的分析，预测新数据的特征或数据的未来发展趋势等。数据预测主要包括分类和回归。如果预测的变量是离散的，称该预测过程为分类；如果预测的变量是连续的，称该预测过程为回归。

分类就是找出一组能够描述数据集合典型特征的模型，使得能够分类识别未知数据的归属或类别，分类输出属性是离散的、无序的。例如，在银行业务中，根据贷款申请者的信息来判断贷款者是属于“安全”类，还是“风险”类。分类算法有感知机、K 近邻、朴素贝叶斯、决策树、支持向量机等。

回归分析就是用回归方程来表示变量之间的数量关系，即通过建立一个预测模型，来定量地描述和评估因变量与一个或多个自变量之间的关系。例如，用线性回归模型通过房子参数预测房价，就是一个典型的回归问题。

4）聚类分析

数据挖掘的对象是海量大数据，大数据集中蕴含着非常多的信息，较为典型的是大数据集中可能包含着若干小数据集。这些数据子集是在没有任何主观划分依据下自然形成的，数据子集“客观存在”的主要原因是：每个数据子集内部数据成员的整体特征相似，而子集之间的整体特征则差异明显。通俗来讲，就是子集内部成员之间“关系紧密”，而数据集之间则“关系疏远”。聚类分析就是按照某种相似性度量，将具有相似特征的样本归为一类，使得类内差异较小，而类间的差异较大。

例如，在研究顾客属性与消费偏好之间的关系时，我们发现，通常具有相同属性的顾客（如相同性别、年龄、收入等），其消费偏好会较为相似，不同属性的顾客群（如男性和女性，演员、教师和信息技术人员等）的消费偏好则可能出现较大差异。于是“自然”形成了在属性和消费偏好等整体特征上差异较大的若干个顾客群，即数据子集。聚类分析就是将这个数据集中这些可能存在的“小类”找出来，并为营销策略提供针对性的依据。

聚类分析与分类预测的明显不同之处在于：分类技术是一种有监督的学习，即每个训练样本的数据对象已经有类标识，而聚类是一种无监督的学习，也就是在不知道欲划类别的情况下，根据信息相似度原则进行信息聚类的一种方法。

5）孤立点分析

数据库中可能包含一些与数据的一般行为或模型不一致的数据对象，这些数据对象被称为孤立点。大部分数据挖掘方法将孤立点视为噪声或异常而丢弃，然而在一些应用场合中，如各种商业欺诈行为的自动监测中，小概率发生事件往往比经常发生的事件更有挖掘价值和研究意义。一般的孤立点挖掘中存在两个基本任务：一是在给定的数据集合中定义什么样的数据可以被认为是不一致的；二是找到一个有效的方法来挖掘这样的孤立点。

6）演变分析

数据演变分析就是对随时间变化的数据对象的变化规律和趋势进行建模描述。这一建模手段包括对时间相关数据的概念描述、关联分析、分类分析、聚类分析等。

1.3.2 数据挖掘的步骤

数据挖掘的步骤会随应用领域的不同而有所变化，每一种数据挖掘技术都有各自的特性和步骤，在不同的问题和需求条件下，数据挖掘的过程也会存在差异。另外，数据的质量、人员的专业性都会对数据挖掘过程造成影响。以上这些因素造成了数据挖掘在不同领域中的运用、规划和流程的差异性。也就是说，即使在同一产业中，分析过程也会因技术和专业知识涉入程度的不同而不同。因此，将数据挖掘过程系统化、标准化是十分重要的。如此一来，不仅可以较容易地跨领域应用，也可以结合不同的专业知识，将数据挖掘的功能发挥到最大。数据挖掘的过程包括以下八个步骤。

（1）信息收集：根据确定的数据分析对象和研究意义，抽象出在数据分析中所需要的特征信息，然后选择合适的信息收集方法，将收集到的信息存入数据库。对于海量数据，选择一个合适的数据存储和管理的数据仓库是至关重要的。

（2）数据集成：把不同来源、格式、特点的数据在逻辑上或物理上有机地集中起来。

（3）数据规约：在多数数据挖掘算法的执行过程中，即使只有少量的数据也需要花费很长的时间，而做商业运营数据挖掘时数据量往往非常大。数据规约技术可以用来得到数据集的规约表示，它小得多，但仍然接近于保持原始数据的完整性，并且规约后对执行数据挖掘的结果没有影响。

（4）数据清洗：当数据库中存在不完整的、含有噪声的、不一致的信息时，会对数据挖掘的结果造成影响，这就需要进行数据清洗，使得数据完整、正确、一致。

（5）数据变换：通过平滑聚集、数据概化、规范化或离散化等方式将数据转换成适合我们做数据挖掘的形式。

（6）数据挖掘过程：根据数据库中的数据信息，选择适合的分析工具，应用数据挖掘中的算法，得出有用的分析信息。

（7）测试和验证挖掘结果：从商业需求角度，由专家来检验数据挖掘结果的正确性。

（8）知识表示：将数据挖掘所得到的结果以可视化的方式呈现出来，即对结果的解释和应用。

由上述步骤可以看出，数据挖掘过程包含了大量的准备与规划工作，在数据挖掘过程中，60%的时间和精力是花费在数据预处理阶段的，其中包括数据规约、数据清洗、数据变换、数据集成等。

1.4　数据挖掘的常用方法

在数据挖掘中，常用的方法有分类、回归、聚类、关联规则、神经网络、Web 数据挖掘等，这些方法分别从不同的角度对数据进行信息挖掘。

1）分类

分类是指通过对已知类别标识数据集（训练集）的学习，得到一个可以将数据映射到给定类别的模型，并将该模型用于预测新数据对象的类别归属。目前，分类技术已被应用到众多领域中，如对客户群的分类、客户满意度的分析等。

常用的分类方法有以下六种。

（1）决策树：一种启发式算法，就是在决策树各个节点上应用信息增益等准则来选取特征，进而递归地构造决策树。

（2）K 近邻（K-nearest neighbors，KNN）算法：一种惰性分类方法，就是从训练集中找出 k 个最接近测试对象的训练对象，再从这 k 个训练对象中找出居于主导的类别，并将其赋给测试对象。

（3）朴素贝叶斯算法：原理是利用各个类别的先验概率，再利用贝叶斯公式及独立性假设计算出属性的类别概率以及对象的后验概率，即该对象属于某一类别的概率，选择具有最大后验概率的类别作为该对象所属的类别。

（4）支持向量机算法：对于两类线性可分学习任务，支持向量机找到一个间隔最大的超平面将两类样本分开，最大间隔能够保证该超平面具有最好的泛化能力。

（5）AdaBoost 算法：从弱学习出发，反复学习，得到一系列的弱分类器，然后组合这些弱分类器，构成一个强分类器。

（6）logistic 回归算法：二项 logistic 回归模型是一种分类模型，由条件概率分布 $P（Y|X）$

表示，形式为参数化的 logistic 分布。这里随机变量 X 取值为实数，随机变量 Y 取值为 1 或 0。可以通过有监督的方法来估计模型参数。

2）回归

回归是用回归方程来描述因变量与一个或多个自变量之间的数量关系，发现变量或属性之间的依赖关系。在市场营销中，回归分析经常被用来解释市场占有率、销售额、品牌偏好等。它的应用主要包括以下几个方面。

（1）判别自变量与因变量之间的依赖关系是否存在。

（2）判别自变量能在多大程度上解释因变量，即解释关系的强度。

（3）找到反映变量之间关系的数学表达式。

（4）通过回归方程式预测因变量的值。

3）聚类

聚类就是按照数据特征的相似性和差异性，将一组对象划分为若干类，并且每个类内对象之间的相似度较高，不同类内对象之间的相似度较低或差异明显。与分类不同的是，聚类不依靠给定的类别对对象进行划分。

传统的聚类方法大致可以分为以下五类。

（1）层次聚类算法。

（2）分割聚类算法。

（3）基于约束的聚类算法。

（4）机器学习中的聚类算法。

（5）用于高维数据的聚类算法。

4）关联规则

关联规则就是寻找隐藏在数据项之间的关联或相关关系，即根据一个数据项的出现推导出其他数据项的出现。关联规则的挖掘过程主要包括两个阶段：第一阶段为从海量的原始数据中找出所有高频项目组；第二阶段为从这些高频项目组产生关联规则，从而更好地了解和掌握事物之间的关系。

目前，利用关联分析进行数据挖掘非常盛行，其中较流行的算法是 Apriori 算法，已被应用于不同的研究领域中。

5）神经网络

神经网络是一种先进的人工智能技术，因其自身自行处理、分布存储和高度容错等特性非常适合处理非线性的，以及那些以模糊、不完整、不严密的知识或数据为特征的问题，它的这一特点十分适合解决数据挖掘的问题。典型的神经网络模型主要分为三大类：第一类是用于分类预测和模式识别的前馈式神经网络模型，其主要代表为函数型网络、感知机；第二类是用于联想记忆和优化算法的反馈式神经网络模型，以 Hopfield 的离散型模型和连续型模型为代表；第三类是用于聚类的自组织映射方法，以自适应共振理论（adaptive resonance theory，ART）模型为代表。

神经网络在市场数据库分析、医药、安全、银行、金融等领域都有广泛的应用。

6）Web 数据挖掘

Web 数据挖掘就是传统数据挖掘技术在互联网领域的应用。旨在从海量的、有噪声的、无结构化的网络数据中提取出隐藏着的、有价值的信息。Web 数据挖掘面向的是庞大的、分布广泛的物联网信息服务系统。

Web 数据挖掘主要分为三类：第一类是对网站内容的爬取，包括文本、图片和文件等；第二类是对网站结构的爬取，包括网站目录、链接之间的相互跳转关系、二级域名等；第三类是对 Web 应用数据的挖掘，包括获取网站内容管理系统（content management system，CMS）类型、Web 插件等。

例如，Web 数据挖掘可完成用户来源分析、网络广告点击率分析、网络流量分析等任务。

1.5　小　　结

数据挖掘技术发展到现在，已经被广泛应用到各种领域中并发挥着重要的作用，对各领域的快速进步和发展起到了不可忽视的促进作用。本章中详细介绍了数据挖掘的概念，阐述了数据挖掘技术的发展背景和意义，总结了数据挖掘的功能和步骤，介绍了数据挖掘常用的方法，同时也简要介绍了数据挖掘可应用到的各种领域和情景。本章的学习目的就是对数据挖掘技术有概念和框架上的初步了解，为之后的学习打下良好的基础。

思考题与练习题

1. 什么是数据挖掘？
2. 简述数据挖掘结果的基本特征。
3. 简述数据挖掘的步骤。
4. 谈谈对数据挖掘功能的理解。

第 2 章　数据预处理

【学习目标】通过本章的学习，了解数据预处理的概念及数据预处理的基本过程；掌握数据预处理的理论技术和 R 软件操作方法。

2.1　数据预处理简介

2.1.1　数据预处理的概念及原因

在数据挖掘中，为得到高质量的数据挖掘效果，需要我们对原始的数据进行一定的处理。从原始数据到数据挖掘建模过程中，对数据进行的操作过程即为数据预处理，其实质就是将原始的数据转换为符合我们数据挖掘需要的格式。

之所以要对数据进行预处理，是因为数据极容易受到噪声（错误）、缺失值（数据不完整）或者异常值的干扰。面对着海量的多重异构数据，如果不对其进行数据预处理，将会严重影响数据挖掘建模的执行效率，甚至可能导致挖掘结果的偏差。数据预处理一方面可以提高数据的质量；另一方面，则有助于数据更好地适应特定的挖掘技术和工具。

2.1.2　数据存在的问题

数据质量涉及多种因素，包括准确性、完整性、一致性、时效性和可解释性等。针对数据存在的主要问题，可以概括为三个方面：不完整性（缺少数据值或缺少属性值）、有噪声（包含错误或者孤立点）和数据不一致性（在编码或者变量设置方面存在差异）。

2.1.3　数据预处理的技术及过程

数据预处理涉及的相关技术主要包括四个过程：数据清洗、数据集成、数据变换和数据规约，具体流程如图 2-1 所示。

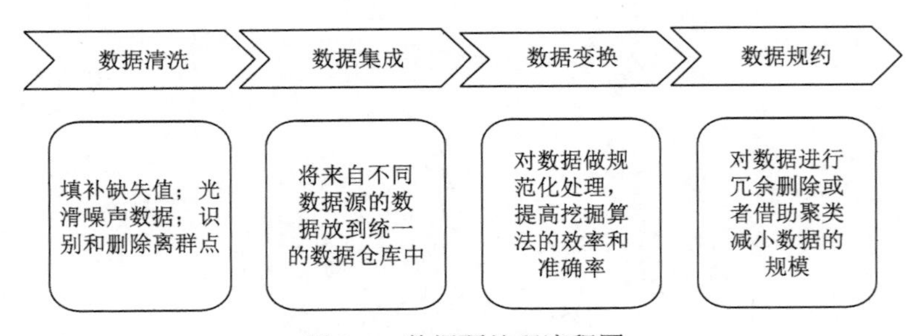

图 2-1　数据预处理流程图

2.2　数据清洗

数据清洗，顾名思义即将“脏”数据清洗为“干净”数据，实际是指对数据进行重新审查和纠正的过程。数据清洗主要是删除原始数据集中的无关数据、重复数据、平滑噪声数据，筛选剔除与挖掘任务无关的数据，尤其是针对缺失值和异常值数据的调整。其流程可由图 2-2 表示。

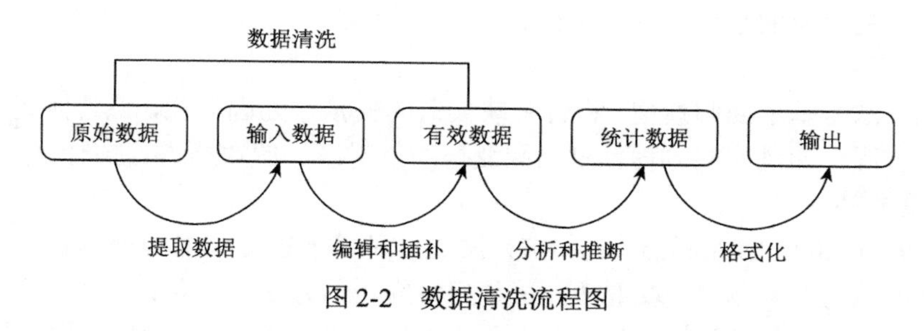

图 2-2　数据清洗流程图

2.2.1　缺失值处理

在数据挖掘过程中，缺失值是普遍存在的。造成数据缺失的原因是多方面的，可能是由于调查对象忘记回答一个或多个问题或是拒绝回答敏感问题；也可能是某些属性是无效的，比如儿童的固定收入等；或者是记录设备出现问题、网络连接失效、数据误记等。从数据建模意义来讲，数据的缺失可能会影响分析结果产生有偏估计，使得样本数据无法准确反映总体。因此，针对缺失值的处理是很有必要的。一般来说，完整的缺失值的处理方法主要包括以下三个步骤。

第一步：识别缺失数据。

第二步：检查导致数据缺失的原因。

第三步：对缺失的数据进行处理。

常用的缺失值的处理方法主要包括删除法和插补法。

1. 删除法

删除法，即将存在遗漏信息属性值的对象删除，从而获得完整的数据集。删除法是最简单的数据缺失值的处理方法，根据数据的不同处理角度，又可以分为行删除法和删除变量法两种。行删除法又称为删除观测样本法，即将存在遗漏信息属性值的对象删除，从而得到完备的信息表，其实质是通过减少样本量来换取完整信息，该方法适用于存在较少缺失值的情况。而删除变量法一般应用较少，适用于变量存在较大缺失值且对研究目标影响不大的情况。

删除法操作相对简单，但是却存在着较大的局限性。删除的数据如果隐藏着信息则会影响信息的客观性和结果的正确性。

2. 插补法

插补法指的是使用某种特定方法得到的数值去填充缺失值，从而完备信息。结合数据的属性特征，常用的插补法又可以分为两大类，一种是针对数值型数据，另一种则是针对非数值型数据。如果数据为非数值型变量，则一般使用该变量其他全部有效观测值的中位数或者众数进行填充；如果数据为数值型变量，则可以采用以下方法进行填充。

1）均值插补

均值插补是指根据该属性其他有效观测值的平均值对缺失值进行填充。既可以利用该属性的所有对象取值的平均值进行填充，也可以采用条件平均值，即利用与该对象具有相同决策属性值的对象的平均值进行填充。

2）回归插补

回归插补法是基于回归模型，将含有缺失值的变量作为因变量，将其他变量作为自变量建立回归方程，通过回归方程预测出因变量的值对缺失的数据进行插补。

3）多重插补

多重插补（multiple imputation，MI）法是一种基于重复模拟的处理缺失值的方法，在面对复杂的缺失值问题时，多重插补法是相对常用的方法，它将从一个包含缺失值的数据集中生成一组完整的数据集。每个模拟数据集中，缺失数据将用蒙特卡罗方法进行填补。此时，每个填补数据集合都用针对完整数据集的统计方法进行统计分析。通过组合输出结果给出估计结果以及引入缺失值的置信区间。

2.2.2 异常值处理

全面的数据挖掘过程要覆盖对异常值的分析，包括离群点、高杠杆值点和强影响点。这些数据同样需要进行深入研究，否则可能对结果产生较大的负面影响。产生异常值的原因同样是多方面的，包括数据输入错误、实验误差、测量误差和自然异常值等。

在数据预处理时，是否剔除异常值需要视情况而定。一般来说，异常值数据的处理同样包括三个步骤：识别异常值、分析异常值出现的原因和对异常值数据进行处理。异常值识别一般采用单变量散点图或者箱线图进行可视化，以判断是否存在异常值。异常值常用的处理方法及方法描述如表 2-1 所示。

表 2-1 异常值常用处理方法及描述

异常值处理方法	方法描述
删除含有缺失值的记录	直接将含有异常值的记录删除
视为缺失值	将异常值视为缺失值，利用缺失值的方法进行处理
平均值修正	利用前后两个观测值的平均值修正异常值
不处理	直接在有异常值的数据集上进行数据挖掘

实际研究中，在处理异常值时通常需要先分析异常值出现的原因，再判断异常值是否应该舍弃。如果异常值数据是正确且对结果有重要影响的，则需要直接在具有异常值的数据集上进行数据挖掘。

2.3 数据集成

在实际场合中，人们往往需要整合分布在不同数据源中的数据。数据集成就是将数据从多个数据源合并存放在一个一致的数据存储中，提供一个观察这些数据的统一视图的过程。

在数据集成过程中，不同数据源的现实世界实体表达形式并不一致，有可能不匹配，因此需要考虑实体识别问题和属性冗余问题，便于将源数据在最低层上加以转换、提炼和集成。

2.3.1 实体识别

实体识别是从不同数据源识别出现实世界的实体，其任务是统一不同数据源的矛盾之处，常见的矛盾有如下几个。

1）同名异义

数据源 A 中的属性 ID 和数据源 B 中的属性 ID 分别描述的是菜品编号和订单编号，即描述的是不同的实体。

2）异名同义

数据源 A 中的 sales_p 和数据源 B 中的 sales_price 都是描述销售价格的，即 A. sales_p = B. sales_price。

3）单位不统一

描述同一个实体分别用的是国际单位和中国传统的计量单位。

2.3.2 冗余属性识别

数据集成往往导致数据冗余，如：①同一属性多次出现。②同一属性命名不一致，导致数据重复。

仔细整合不同的数据源能减少甚至避免数据冗余与不一致，从而提高数据挖掘的质量和速度，得到高质量的数据挖掘结果。对于冗余属性，要先对其进行分析检测，然后将检测到的冗余属性删除。

有些冗余属性可以用相关分析进行检测。例如，给定两个数值型的属性 A 和 B，根据属性值，用相关系数度量一个属性在多大程度上蕴含另一个属性。

2.4 数据变换

数据变换就是将一种数据转换为另一种数据格式，其主要依据数据的特征，对数据进行简单函数变换、规范化处理、连续属性离散化等，以便于后续的信息挖掘。

2.4.1 简单函数变换

简单函数变换是指对原始数据进行某些函数变换。对于这种类型的变量变换，一个简单的数学函数分别作用于每一个值。常用的函数变换有取平方、取平方根、取对数及差分运算等，具体如下：

$$x' = x^2 \tag{2-1}$$

$$x' = \sqrt{x} \tag{2-2}$$

$$x' = \log x \tag{2-3}$$

$$\nabla f(x_k) = f(x_{k+1}) - f(x_k) \tag{2-4}$$

在统计学中，常见的变量变换如取平方根、取对数和取倒数常用来将不服从高斯（正态）分布的数据变换为服从高斯（正态）分布的数据。例如，有些变量的值域范围为1亿～10亿，对于这些数据我们常常使用对数变换将其进行压缩。在处理时间序列数据时，常使用差分运算将非平稳时间序列转化为平稳时间序列。但值得注意的是，有时进行变量变换会改变数据的特性，如取倒数变换压缩了大于1的数值，但在一定程度上却放大了0和1之间的数值。因此，在进行简单函数变换时我们往往需要考虑变量的特性。

2.4.2 规范化处理

除了简单函数变换，另一种常见的变量变换类型是规范化（归一化、标准化），该种变换是我们进行数据挖掘较为基础的一项工作，尤其对于基于距离算法的挖掘算法十分重要。因为在进行数据挖掘时，不同的评价指标往往具有不同的量纲，即使是同一指标也可能具有较大的差值，如果不进行处理则会影响数据分析的准确性。因此，在实际数据处理中，为消除评价指标不同量纲和取值范围的差异，我们常需要对数据进行规范化处理，以便于满足后续数据挖掘和算法的需要。例如，我们在处理顺序变量时常常对其进行归一化处理，将其映射到[0, 1]内。

1）极差标准化

极差标准化（最小-最大标准化）是指通过对原始数据进行一定的线性变换，将数据缩放到[0, 1]的范围内，避免数据分布太广泛。因此，极差标准化又称为区间缩放法（0-1标准化）。其转换公式如式（2-5）所示：

$$x^* = \frac{x_{ij} - \min\{x_{ij}\}}{\max\{x_{ij}\} - \min\{x_{ij}\}} \tag{2-5}$$

其中，$\max\{x_{ij}\}$为样本数据中的最大值，$\min\{x_{ij}\}$为样本数据中的最小值，两者的差值为极差。经过极差标准化处理的数据，各要素的极大值为1，极小值为0，其余值均分在0和1之间。极差标准化的优点是操作简单，不会改变原来数据之间所存在的关系，但是这种数据处理方法也有一个致命的缺点，就是容易受到异常值的影响，一个异常值的出现可能会导致标准化后的数据变为偏左或者偏右的分布，因此，在进行极差标准化时需要除去相应的异常值。

2）Z-Score 标准化

Z-Score 标准化又称零一均值规范化，其实质是通过一定的线性变换，将原始数据转换为均值为0、标准差为1的正态分布数据：

$$x^* = \frac{x - \bar{x}}{\sigma} \tag{2-6}$$

其中，$\bar{x}$ 为原始数据的均值；σ 为原始数据的标准差。Z-Score 标准化的主要目的是将不同量级的数据转换为同一个量级，其操作相对来说最简单，应用最广泛，且不会改变原始数据的数值排序。但是这种方法在计算均值和方差时容易受到异常值的影响，使得标准化后的数据并不符合期望，因此有时需要根据情况对上述变换做出修改。一般用中位数 M 取代均值，然后用绝对标准差取代标准差。绝对标准差 $\sigma^* = \sum_{i=1}^{n} |x_i - w|$，其中 w 为平均数或者中位数。

3）小数定标规范化

小数定标规范化是指通过移动数据的小数点位置进行标准化，小数点移动的位数取决于属性 A 的取值中的最大绝对值。经过小数定标规范化后的数据，其取值区间为[−1, 1]。具体转换公式如下：

$$x^* = \frac{x}{10^k} \tag{2-7}$$

例如，A 的取值范围为−865 到 948，则 A 的最大绝对值为 948，依据小数定标规范化的基本方法，需要将每个值都除以 1000，即 $k = 3$。此时−865 经过规范化处理后就变为−0.865。

以上方法的实现程序参见 2.6 节。除此以外，常用的数据规范方法还有对数 logistic 模式和模糊量化模式等。

2.4.3 连续属性离散化

在一些数据挖掘算法中，如 Apriori 算法、决策树算法、ID3 等分类算法，常常需要将连续属性转换为分类属性，即连续属性离散化。有效的离散化能减小算法的时间和空间开销，提高系统对样本的分类聚类能力和抗噪声能力。

1. 离散化过程

所谓连续属性离散化，就是在数据的取值范围内设定若干个离散的划分点，将取值范围划分为一些离散化的区间，最后用不同的符号或者整数值代表落在每个子区间中的数据值。离散化过程涉及两个子任务：确定分类数以及如何将这些连续属性值映射到这些分类值上面。

2. 常用的离散化方法

在数据处理中，常用的连续属性离散化的方法有等宽法、等频法和（一维）聚类。

1）等宽法

等宽法就是将属性值分为相同宽度的区间，区间的个数依据数据本身的特点或者用户需求确定，类似于制作频率分布表。比如，某属性值在[0, 60]之间，若区间的个数为 3，则该属性值应该被划分为[0, 20]、[21, 40]、[41, 60]。等宽法操作简单，但容易受到离群点的影响，使得划分的数据并不均匀，严重损坏建立的决策模型。

2）等频法

等频法是指将相同数量的记录放进每个区间，以保证每个区间的数量基本一致。比如有 60 个样本，我们将其划分为 3 个区间，则每个区间的样本个数为 20 个。等频法同样操作比较简单，同时避免了等宽法存在的数据分布不均匀的问题。但是根据等频法的基本原理，为保证每个区间划分的数据个数一样，很可能将两个相同的数值划分到不同的区间，这同样会损坏最终建立的决策模型。

3）（一维）聚类

（一维）聚类是指通过聚类算法将属性值划分为不同的簇。该方法一般包括两个步骤，首先选定合适的聚类算法将连续属性的值进行聚类，然后将聚类后划分到同一个簇内的属性值做统一的标记。关于聚类产生的簇的个数，要依据聚类算法的实际情况进行确定。如常用的 K 均值聚类法，簇的个数可以由自己决定。但是基于密度聚类的 DBSCAN（density-based spatial clustering of applications with noise）算法，则是依据算法寻找簇的个数。

2.4.4 属性构造

在数据挖掘过程中，为了方便提取更有用的信息，提高挖掘的精度，有时需要利用已有的属性构造新的属性，并加入到现有的属性集合中。例如，为判断是否有大量用户存在漏电行为，可以构造新的指标——线损率，计算公式如式（2-8）所示，该过程就是属性构造。

$$\text{线损率}=\frac{\text{供入电量}-\text{供出电量}}{\text{供入电量}}\times 100\% \tag{2-8}$$

从式（2-8）中可以看出，该指标就是在现有的指标供入电量和供出电量的基础上构造而成的。生活中应用到属性构造的例子还有很多，如收益率、利润率等指标，都是在已有属性的基础上构建而来的。

2.5 数据规约

在数据仓库中，针对海量、复杂的数据进行分析和挖掘往往需要很长的时间，因此，常常根据实际情况对原始的数据进行数据规约，产生一个更小的但是依旧能保持原始数据完整性的新数据集。简而言之，数据规约就是缩小数据挖掘所需的数据集规模，便于更有效率地分析和挖掘数据。

数据规约的意义有以下几个方面。

（1）减少无效、错误数据对建模的影响，提高建模的准确性。

（2）提高数据挖掘的效率。

（3）降低储存数据的成本。

常用的数据规约方法有维规约、数据压缩及数值规约。

2.5.1 维规约

维规约又叫属性规约，通过合并属性来创建新属性维数，或者直接删除不相关的属性（维）来减少数据维数，从而提高数据挖掘的效率，降低计算成本。例如，在分析银行客户的信用度时，客户的联系方式、家庭住址等信息就与数据的挖掘任务没有关系，或者说是冗余的。维规约的目的在于寻找最小的属性子集，并确保新数据子集的概率分布尽可能地接近原来数据集的概率分布。在维规约后的属性集上进行数据挖掘，不仅减少了属性的数目，同时使得模式更容易理解。属性子集选择的基本方法包括合并属性、决策树归纳，以及逐步向前选择、逐步向后删除，具体见表 2-2。

表 2-2　维规约常用的方法及描述

基本方法	方法描述
合并属性	将多个属性合并为一个属性
决策树归纳	利用决策树的归纳方法对初始数据进行分类归纳学习，获得初始决策树，并将没有出现在决策树的属性从初始集合中删除，便于获得最优的属性
逐步向前选择	从一个空集属性开始，每次从原来属性集合中选择一个当前最优的属性添加到当前属性子集中，直到无法选择出最优属性为止或满足一定的阈值约束为止
逐步向后删除	从一个全集属性开始，每次从当前属性集合中选择一个当前最差的属性并将其从当前属性集合中删除，直到无法选择出最差属性为止或满足一定的阈值约束为止

2.5.2　数据压缩

数据压缩是对给定的数据进行压缩处理，消除一定的冗余度，节省数据的存储空间和处理时间。在数据挖掘中最常用到的一种数据压缩技术就是主成分分析。

主成分分析旨在利用降维的思想，通过进行适当的线性变换，将原来多个具有线性关系的指标重新组合成少数几个不相关的指标。其通过抓住主要矛盾、忽略次要矛盾的思想来进行基本问题的分析与处理，这样就可以在不丢失重要信息的前提下充分地反映总体特征，从而达到对数据进行压缩的目的。

设原始变量 $X_1, X_2, \cdots, X_p$ 的 n 次观测数据矩阵为

$$X = \begin{bmatrix} x_{11} & x_{12} & \cdots & x_{1p} \\ x_{21} & x_{22} & \cdots & x_{2p} \\ \vdots & \vdots & & \vdots \\ x_{n1} & x_{n2} & \cdots & x_{np} \end{bmatrix} = (X_1, X_2, \cdots, X_p) \tag{2-9}$$

主成分分析的计算步骤如下。

（1）根据原始数据的特点（度量单位和取值范围）决定是否需要对数据进行标准化处理。

（2）建立样本的相关系数阵。

（3）计算相关系数阵的特征根 $\lambda_1 \geqslant \lambda_2 \geqslant \cdots \geqslant \lambda_p \geqslant 0$ 和相应的特征向量。

（4）确定主成分的个数 m 。一般根据主成分的累计贡献率 $\dfrac{\sum_{i=1}^{m} \lambda_i}{\sum_{i=1}^{p} \lambda_i} \geqslant 85\%$ 或者其他值来确定主成分的个数。

(5)写出主成分得分的表达式,此时需要特别注意是否对原始数据进行了标准化处理。

相关运行程序参见 2.6 节。

2.5.3 数值规约

数值规约通过选择替代的、较小的数据表示形式来减少数据量，其主要可以分为有参方法和无参方法两种表现形式。

1. *有参方法*

有参方法是指通过一个参数模型来评估数据，最后只需要存储参数即可，而无须保留实际数据。常见的有参方法包括线性回归、多元回归及对数线性模型等。

回归和对数线性模型可以用来近似给定的数据。在（简单）线性回归中，通过建模使数据拟合成一条直线。在 R 中使用 lm（）函数即可实现。例如，30～39 岁的女性的身高和体重具有一定的相关关系，我们可以通过身高来预测体重。将身高作为解释变量 x，将体重作为被解释变量 y。拟合图如图 2-3 所示。

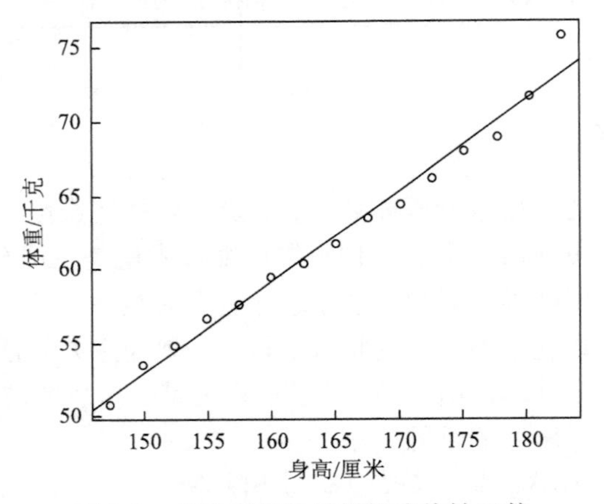

图 2-3 将身高和体重规约成线性函数

对数线性模型近似离散的多维概率分布。在一个 n 元组的集合中，可以把每个元组看作 n 维空间的一点。可以使用对数线性模型基于维组合的一个较小子集，估计离散化的属性集的多维空间中每个点的概率，这使得高维数据空间可以由较低维空间构造。因此，对数线性模型也可用于维规约和数据光滑。

回归和对数线性模型都可以用于稀疏数据。在处理倾斜数据时，回归的效果要优于对数线性模型；在处理高维数据时，对数线性模型具有更好的可伸缩性。

2. *无参方法*

1）直方图

直方图使用分箱来近似数据的分布，是一种相对简单、直观的数据规约形式。属性 A 的直方图将 A 的数据分布划分为不相交的子集（箱）。例如，我们可以将某班同学的数学考试成绩划分区间为[0, 60)、[60, 70)、[70, 80)、[80, 90)、[90, 100]，这样我们就实现了数据的压缩。

通常来说，属性值的划分可选择如下规则进行。

（1）等宽：每个子集（箱）的区间宽度一致。

（2）等频：每个子集（箱）包含相同数量的样本个体。

（3）V 最优：给定子集（箱）的个数，在所有给定的直方图中，V 最优直方图是具有最小方差的直方图，直方图的方差是每个桶代表的原来值的加权和，其中权等于桶中值的个数。

2）聚类

聚类是将数据库中的数据元组视为对象，按对象的相似程度划分为不同的群或簇，使得同一簇中的对象“相似”，而不同簇之间的对象“相异”。通常用距离函数来衡量相似性的程度，并且用同一簇中任意两个对象的最大距离来表示簇的质量。

3）抽样

抽样也可以作为一种数据规约技术，它用比原始数据小得多的随机样本（子集）代表大型数据集。常用的抽样方法有如下四种。

假定原始数据集 D 中包含 N 个元组。

（1）s 个样本无放回简单随机抽样（simple random sampling without replacement，SRSWOR）：从总体 D 中进行不重复抽样，抽中的单位不再放回总体。主要应用于社会调查。

（2）s 个样本有放回简单随机抽样（simple random sampling with replacement，SRSWR）。从总体 D 中进行重复抽样，每个单位被抽到的次数可能不止一次。

（3）聚类抽样：将 D 中的元组按照某种标准划分为不同的“簇”，将每个“簇”作为一个抽样单位，用随机抽样的方法抽取 s 个子群体，将抽中的子群体中的所有元组合起来作为总体 D 的样本。

（4）分层抽样：首先将 D 按照总体的某种特征划分成互不相交的部分（层），然后通过对每一层做简单随机抽样就可以得到总体 D 的分层样本，特别是当数据倾斜时，这种方法抽取的样本更具有代表性。

2.6 基于 R 语言的数据预处理

2.6.1 R 语言中主要的数据预处理函数

在数据预处理中，会用到 R 语言的多种函数，在这里我们只介绍 R 中的数据清洗、数据变换以及数据规约中与数据预处理相关的函数（表 2-3）。本节将对涉及的主要函数进行一一介绍。

表 2-3 R 中数据预处理的主要函数

函数名	函数功能	所属函数包
complete.cases（）	识别矩阵或数据框中没有缺失值的行	通用函数包
lm（）	建立线性回归模型	通用函数包

续表

函数名	函数功能	所属函数包
mice（）	对缺失数据进行多重插补	mice 函数包
ceiling（）	向上舍入接近的函数	通用函数包
is.na（）	识别缺失值	通用函数包
which（）	服从返回条件观测值所在的位置	通用函数包
princomp（）	对指标进行主成分分析	通用函数包

上面的函数相对来说比较简单，除 mice（）函数以外，基本都是通用函数包。因此本节只对 mice 函数包的分析过程进行详细介绍。基于 mice 包的分析通常符合以下分析过程。

```
>library(mice)
>imp = mice(data,m)
>fit = with(imp,analysis)
>pooled = pool(fit)
>summary(pooled)
```

其中，

（1）data 是一个包含缺失值的矩阵或者数据框。

（2）imp 是一个包含 *m* 个插补数据集的列表对象，同时还含有完成插补过程的信息。默认为 5。

（3）analysis 是一个表达式对象，用来设定应用于 *m* 个插补数据集的统计分析方法。方法包括做线性回归模型的 lm（）函数、做广义线性模型的 glm（）函数、做广义可加模型的 gam（）函数等，表达式写在函数的括号中，～的左边是响应变量，右边是预测变量，如 analysis 可替换为 lm（x~y）。

（4）fit 是一个包含 *m* 个单独统计分析结果的列表对象。

（5）pooled 是一个包含这 *m* 个统计分析平均结果的列表对象。

2.6.2 数据清洗在 R 中的应用

1. 缺失值的识别

在 R 语言中，使用 NA 代表缺失值，NaN 代表不可能值。函数 is.na（）可以用来识别缺失值，如果某个元素为缺失值，则输出结果为 TRUE，如果不是缺失值，则输出结果为 FALSE。例如，y=c(1,2,3,NA), 则 is.na（y）返回向量 c(FALSE,FALSE,FALSE,TRUE)。

下面以微观家庭调查的数据为例。

1）加载数据集

```
>data = read.csv（"income.csv"）    ##读取微观家庭调查数据集 income.csv
>head（data）   ##浏览数据的前六行
```

2）识别缺失值

＞is.na（sleep）　##判断是否存在缺失值

＞n = sum（is.na（sleep））；n　##输出缺失值的个数

输出结果显示，该数据集共存在 538 个缺失值。接下来我们利用 R 探索缺失值数据所在的行。

＞data[complete.cases（data），]　##列出没有缺失值所在的行

＞data[!complete.cases（data），]　##列出有一个或多个缺失值所在的行

或者采用 which（）函数，即

＞sub = which（is.na（data），arr.ind = T）；sub　##列出缺失值所在的行和列

输出结果显示 42 行数据为完整数据，20 行数据存在一个或者多个缺失值。同时由于逻辑值 TRUE 和 FALSE 分别等于数值 1 和 0，所以也可以用 sum（）和 mean（）函数进一步获取缺失值的信息。

＞sum（is.na（data$income））　##查看每个变量缺失的个数

[1] 538

＞mean（is.na（data$income））　##查看每个变量缺失情况的比例

[1] 0.053

＞mean（!complete.cases（data））　##查看整体数据集缺失情况的比例

[1] 0.053

结果表明 income 有 12 个缺失值，缺失的行数占整体的 5.3%。且整体数据集只有 income 所在列存在缺失值，所以缺失的行数占整体数据的比例依旧是 5.3%。

2. 缺失值的探索

1）列表显示缺失值

＞library（mice）

＞md.pattern（data.plot = F）

	total.pop	child.pro	old.pro	edu.age	income	
9705	1	1	1	1	1	0
538	1	1	1	1	0	1
	0	0	0	0	538	538

输出结果中的 1 和 0 表示缺失值的模式，0 表示变量所在的列中有缺失值，1 则表示没有缺失值。从结果可以看出，有 9705 行数据没有存在缺失值，538 行数据存在缺失值，且只有 income 列存在缺失值。

2）缺失值可视化

虽然 md.pattern（）函数的表格输出很简单，但是图形的展示效果往往更直观。VIM 包提供了大量能可视化数据集中缺失值模式的函数，如 aggr（）函数逼近可以绘制每个变量的缺失值个数，同时还可绘制每个变量的缺失值情况。

＞install.packages（"VIM"）

＞library（VIM）

＞VIM：：aggr（data，sortComb = TRUE，sortVar = TRUE，only.miss = TRUE）

从图 2-4 可以看到，变量 income 存在着缺失值，且缺失值占整体的比例在 5%～6%。

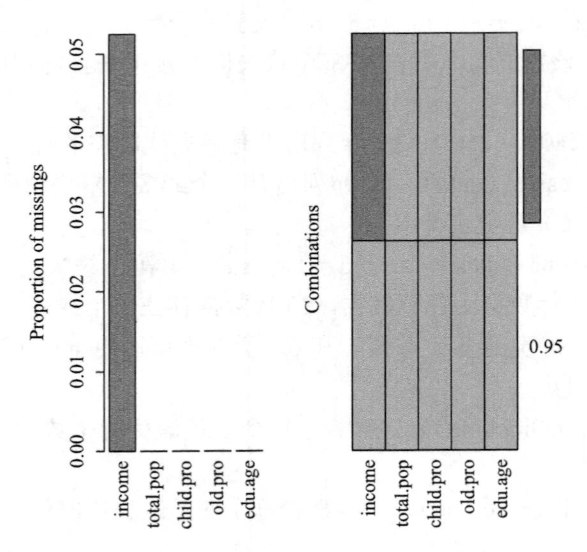

图 2-4　aggr（）函数生成的 data 数据集的缺失值模式图

3. 缺失值的处理

1）行删除法

＞newdata = na.omit（data）

＞newdata

或者

＞newdata = data[complete.cases（data），]

这两种表达方式的含义均是：data 中所有包含缺失的数据行均被删除，然后将不缺失数据存储到 newdata 中。

2）均值插补

＞sub = which（is.na（data$income））；sub　##读取第 5 列数据缺失值所在的行数

＞data1 = data[-sub，]；data1　##提取变量 income 缺失值所在列的完整数据集

＞data2 = data[sub，]；data2　##提取变量 income 缺失值所在列的缺失数据集

＞average_income = mean（data1$income）；average_income　##求变量未缺失部分的均值

＞data2$income = rep（average_income，nrow（data2））；data2　##用均值替换缺失值

＞result1 = rbind（data1，data2）；result1　##注意，此时数据的行数已经被打乱

3）回归插补

##方法 1（改变数据的原始序号）

＞model = lm（income～edu.age，data）

＞summary（model）

```
>data2$income = predict（model，data2）；data2　##模型预测
>result2 = rbind（data1，data2）；result1
##方法 2（不改变数据原始序号）
>data3 = data
>model = lm（income～edu.age，data）
>summary（model）
>data3[sub，] = -363.6 + 6439.3*data2$edu.age；data3[sub，]
>data3
```

4）多重插补

```
>library（lattice）
>library（MASS）
>library（nnet）
>library（mice）
>imp = mice（data，m = 4）　##4 重插补，即生成 4 个无缺失的数据集，系统默认 m = 5
>fit = with（imp，lm（income～edu.age，data））　##选择插补类型
>pooled = pool（fit）
>summary（pooled）
>result3 = complete（imp，action = 3）
```

4. 异常值的识别和处理

异常值的识别方法有多种，在这里我们主要介绍基于 3σ 原则和箱线图识别异常值。

1）3σ 原则

```
##加载 R 自带数据集，该数据集关于不同州的犯罪率以及与犯罪率相关的因素
>states = as.data.frame（state.x77）；states
>income = states[，2]
>plot（income）
>x = mean（income，na = T）；d = sd（income，na = T）　##求变量均值和标准差
>z.down = x-3*d；z.down　##设定异常值下限
>z.up = x + 3*d；z.up　##设定异常值上限，一般采用 3 倍标准差
>abline（h = z.up，col = 3，lty = 2）　##构建阈值空间
>abline（h = z.down，col = 4，lty = 2）　##构建阈值空间
>w = which（income>z.up|income<z.down）；w　##识别异常值所在行
>points（w，income[w]，col = 4）
##异常值处理
>income[w] = NA　##之后可按缺失值进行填补
```

程序图如图 2-5 所示。

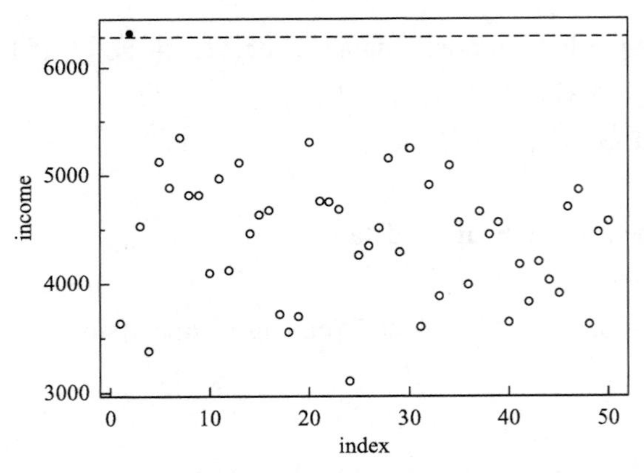

图 2-5 用 3σ 原则判断异常值

2）箱线图

```
＞states = as.data.frame（state.x77）；states
＞income = states[，2]
＞boxplot（income，col = 3）
＞q_中位数 = mean（income）
＞q_上四分位数 = quantile（income，0.75）；q_上四分位数
＞q_下四分位数 = quantile（income，0.25）；q_下四分位数  ##当提取数据为列表形式时，则需要[[]]提取
＞q = q_上四分位数[[1]]-q_下四分位数[[1]]  ##求四分位差
＞q.down = q_中位数-2*q
＞q.up = q_中位数 + 2*q
＞plot（income）
＞abline（h = q.up，col = 3，lty = 2）  ##构建阈值空间
＞abline（h = q.down，col = 4，lty = 2）  ##构建阈值空间
＞v = which（income＞q.up|income＜q.down）
＞points（v，income[v]，col = 4）
```

程序图如图 2-6 所示。

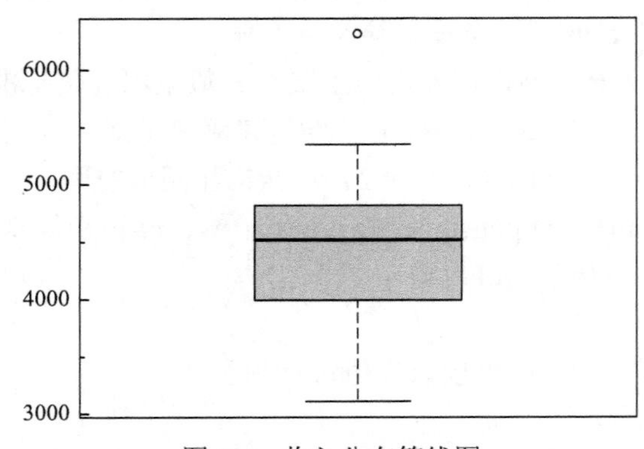

图 2-6 收入分布箱线图

##异常值处理

>income1[v] = NA

程序图如图 2-7 所示。

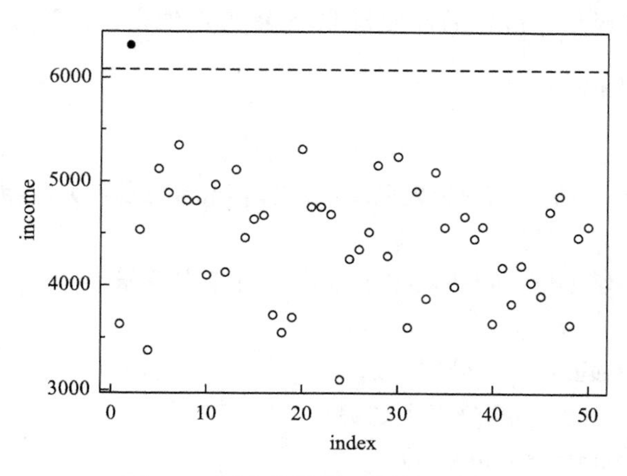

图 2-7 用分位数原则判断异常值

2.6.3 数据变换在 R 中的应用

1. 规范化

在这里我们依旧采用微观家庭调查数据集，小数定标规范化、Z-Score 标准化、极差标准化的 R 软件运行代码如下。

```
>data = read.csv（"income.csv"）;    ##读取微观家庭调查数据集
>newdata = data[complete.cases（data），]   ##列出没有缺失值所在的行
>names（newdata）
```

1）小数定标规范化

```
>income_max = max（abs（newdata[, 5]））; income_max   ##找出变量的最大值
>n = ceiling（log（income_max, 10））
>New_income = newdata[, 5]/10^n
>summary（New_income）
     Min.     1st Qu.    Median      Mean     3rd Qu.      Max.
 0.000000   0.002120   0.004420   0.006357   0.007900   0.400000
```

从运行结果可以看到，变量 income 经过小数定标规范化处理后，所有值均映射在区间[0, 0.4]。

2）Z-Score 标准化

```
>newdata_zscore = scale（newdata）
```

3）极差标准化

```
> New_income = （newdata[, 5]-min（newdata[, 5]））/（max（newdata[, 5]）-min（newdata[, 5]））
```

```
>summary（New_income）
Min.       1st Qu.     Median     Mean      3rd Qu.     Max.
0.00000    0.00530     0.01105    0.01589   0.01975     1.00000
```

可以看出，经过极差标准化后，变量 income 的取值范围为[0, 1]。

2. 连续属性离散化

```
##加载数据集
>data = read.csv（"F：/R 软件/数据清洗/数据/income.csv"）   ##读取微观家庭调查数据集
>edu = data[，4]；edu   ##从数据中获得教育年限变量
```

1）等宽法

```
>x.max = max（edu）   ##分组上边界
>x.min = min（edu）   ##分组下边界
>u = ceiling（（x.max-x.min）/3）
>n = length（edu）
>v1 = 0
>for（i in 1：n）
>{
>v1[i] = ifelse（edu[i]<x.min + u，1，
                  ifelse（edu[i]<x.min + 2*u，2，3））
>                }
>plot（edu.age，v1，xlab = '平均受教育年限'）
```

等宽离散化结果如图 2-8 所示。

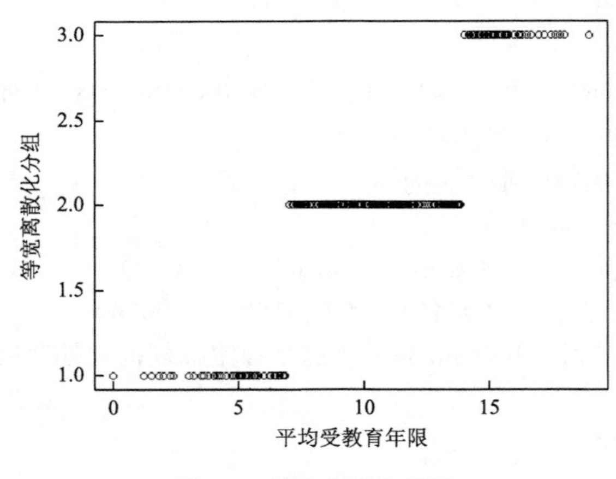

图 2-8 等宽离散化结果

2）等频法

```
>m = quantile（edu，c（1/3，2/3））##等频划分为 3 组，找两个分割点
```

```
>v2 = 0
>for（i in 1：n）
>{
>v2[i] = ifelse（edu[i]<9，1，
>          ifelse（edu[i]<11.25，2，3））
>                          }
>plot（edu，v2，xlab = '平均受教育年限'）
```

等频离散化结果如图 2-9 所示。

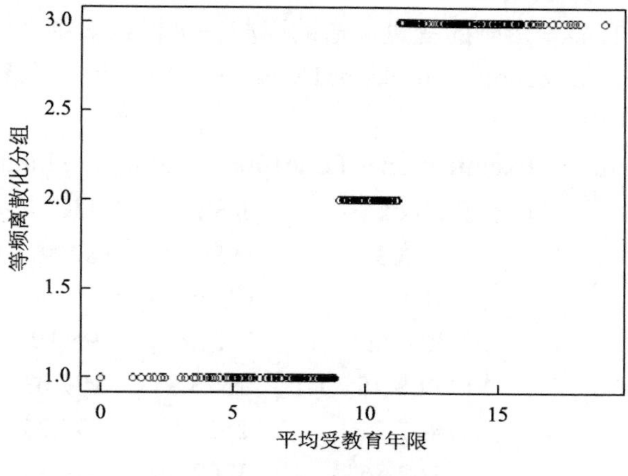

图 2-9　等频离散化结果

3)（一维）聚类

```
>result = kmeans（edu，3）
>v3 = result$cluster
>plot（edu，v3，xlab = '平均受教育年限'）
```

（一维）聚类离散化结果如图 2-10 所示。

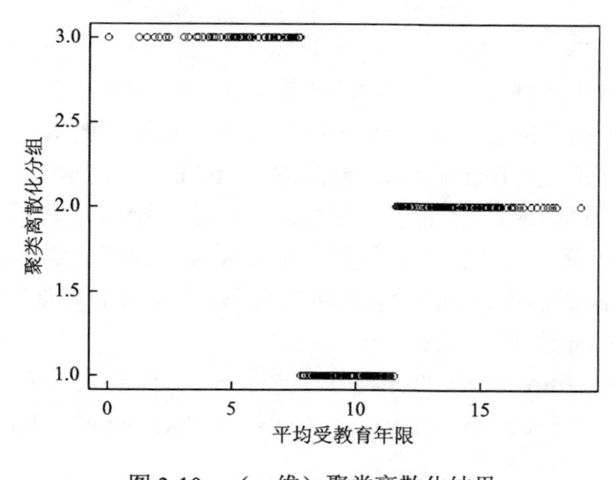

图 2-10　（一维）聚类离散化结果

2.6.4 数据规约在 R 中的应用

1. 逐步选择

选择 R 软件自带的数据集 swiss，里面变量主要包括 1988 年瑞士各州的生育率、男性的农业从业比、军队高素质人才比、小学以上应征人员比、宗教人员比和婴儿死亡率。

代码清单如下。

```
>head（swiss）##加载数据集
##选取对生育率有显著影响的变量，借助回归评价拟合效果（AIC）
>lm1 = step（lm，direction = "backward"，trace = 1） ##向后逐步 backward
Start：AIC = 190.69
Fertility～Agriculture + Examination + Education + Catholic + Infant.Mortality
                      Df    Sum of Sq     RSS      AIC
-Examination          1      53.03       2158.1   189.86
<none>                       2105.0      190.69
-Agriculture          1     307.72       2412.8   195.10
-Infant.Mortality     1     408.75       2513.8   197.03
-Catholic             1     447.71       2552.8   197.75
-Education            1    1162.56       3267.6   209.36
Step：AIC = 189.86
Fertility～Agriculture + Education + Catholic + Infant.Mortality
                      Df  Sum of Sq    RSS      AIC
<none>                     2158.1     189.86
-Agriculture          1    264.18     2422.2   193.29
-Infant.Mortality     1    409.81     2567.9   196.03
-Catholic             1    956.57     3114.6   205.10
-Education            1   2249.97     4408.0   221.43
```

开始时模型包括 5 个自变量，即全部的自变量。然后每一步中，AIC 列提供了删除 1 个自变量后模型的 AIC 的值，<none>中的 AIC 表示没有删除变量后的模型（即最开始模型）的 AIC 值；第一步 Examination 被删除，AIC 的值从 190.69 降低到 189.86；然后继续删除变量将会增加 AIC 的值，因此逐步向后选择的过程被终止，即删除变量 Examination 的模型为最终选择模型，但是并不能保证该模型一定是最佳的模型，这也是逐步回归的局限性。向前逐步、向前向后逐步的代码如下，只需要将“direction = backward”改为“direction = forward”或“direction = both”。

```
>lm2 = step（lm，direction = "forward"，trace = 1）##direction = forward 为向前逐步
>lm3 = step（lm，direction = "both"，trace = 1）##direction = both 为向前向后逐步
```

2. 决策树

```
>install.packages("rpart.plot")
>library(rpart.plot)
>tree1 = rpart(Fertility~., data = swiss)
>tree1$variable.importance
Education      Examination    Catholic     Agriculture    Infant.Mortality
3375.1255      2396.8632      1584.7482    1443.7412      686.5548
```

由结果可知，对生育率影响最重要的变量排序依次为 Education>Examination>Catholic>Agriculture>Infant.Mortality，这也就是基于决策树进行变量选择的结果。在这里我们就不详细介绍决策树的相关知识了，更多理论详见第 5 章。

3. 主成分分析

```
>data = read.csv("principal_component.csv") ##读取影响城市经济活力的重要因素的调查数据
##主成分分析
>PCA = princomp(data, cor = TRUE)
>names(PCA)
>summary(PCA, loadings = TRUE) ##主成分贡献率
>screeplot(PCA, type = 'lines') ##碎石图
```

由图 2-11 可以看出，从第 5 个因子开始就已经平缓地贴近横坐标轴，这在一定程度上进一步直观表明了提取前 5 个因子的合理性。

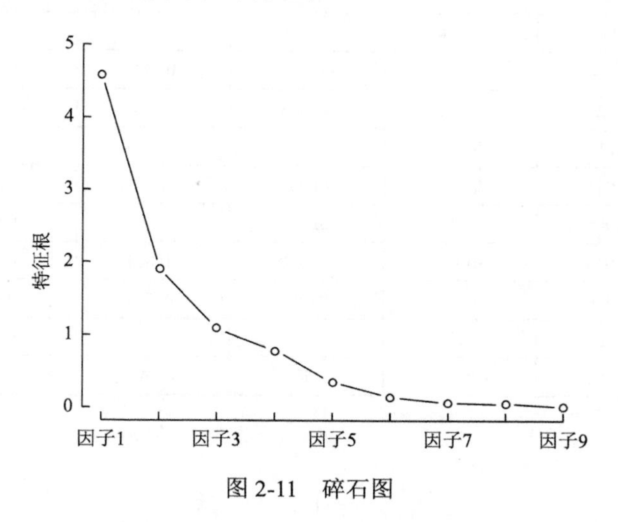

图 2-11　碎石图

```
>y = eigen(cor(newdata)) ##求出 cor(df) 的特征值和特征向量
>y$values  ##输出特征值
[1] 4.58873143 1.91007680 1.09807584 0.78341369 0.34783339
```

```
[6] 0.14274755 0.06243750 0.05649463 0.01018917
```

从结果可以看出，该模型共有 9 个特征根，对应 9 个单位特征根向量及累计贡献率。

```
##计算综合得分
>scores = 0.0
>for（i in 1：5）
>scores =（y$values[i]*s[，i]）/（sum（y$values[1：5]））+ scores
>cbind（s，scores）##输出前 4 个主成分综合得分
>m = cbind（s，scores）##输出前 5 个主成分综合得分信息
>fix（m）
>write.csv（m，"综合得分.csv"）
```

经程序计算得到各城市的综合得分，如表 2-4 所示。

表 2-4　城市活力综合得分表

城市	成分 1	成分 2	成分 3	成分 4	成分 5	得分
上海市	5.027	3.087	−0.485	−1.744	−0.571	3.078
深圳市	0.640	−0.467	−1.828	−0.121	0.504	0.013
北京市	4.991	−0.954	−0.451	2.614	−0.361	2.579
广州市	2.267	−4.276	1.475	−1.395	0.537	0.338
重庆市	1.459	2.237	2.374	0.793	1.413	1.683
成都市	−0.729	0.629	0.847	−0.571	−0.325	−0.203
南京市	−0.887	−0.547	−0.554	0.086	−0.191	−0.656
杭州市	−0.643	−0.425	−0.916	0.175	0.001	−0.531
苏州市	1.169	−0.299	−1.703	−0.361	0.934	0.340
天津市	1.237	−0.604	1.300	−0.171	−1.259	0.616
青岛市	−1.834	0.531	−0.382	0.311	0.114	−0.864
东莞市	−1.623	0.190	−0.665	0.599	−0.277	−0.853
郑州市	−2.056	0.587	0.361	−0.069	0.546	−0.891
武汉市	−1.011	0.138	−0.005	−0.183	0.253	−0.508
西安市	−2.005	0.511	0.538	0.126	−0.076	−0.867
宁波市	−1.034	−0.190	−0.830	−0.061	−0.010	−0.695
长沙市	−1.486	−0.188	0.084	−0.585	−0.433	−0.882
沈阳市	−1.531	0.067	−0.195	−0.387	−0.236	−0.859
昆明市	−1.951	−0.025	1.036	0.946	−0.562	−0.838

2.7　小　结

本章主要介绍了数据预处理的重要性，数据清洗、数据集成、数据变换、数据规约的内容以及相应的 R 软件操作。2.1 节主要介绍了为何要进行数据预处理及数据预处理涉及

的相关技术和过程。2.2 节主要介绍了缺失值和异常值的识别及处理方法，尤其是针对缺失值的处理方法，分别有删除法、插补法（均值插补、回归插补、多重插补）。而异常值的处理方法主要有删除、视为缺失值、平均值修正及不处理等。数据集成是合并多个数据源中的数据，并存放到一个数据存储的过程，2.3 节主要介绍了实体识别和冗余属性识别的相关知识。2.4 节中，主要从简单函数变换、规范化处理、连续属性离散化及属性构造四个部分展开，讲述了从不同的角度对已有的属性进行相应变换。2.5 节从维规约、数据压缩及数值规约三个方面介绍了如何对数据进行规约，从而提高数据挖掘的效率和性能。而在 2.6 节中，主要介绍了基于 R 软件的实战操作，便于大家从理论和操作方面全面学习数据预处理的相关内容。

思考题与练习题

1. 简述数据预处理的定义及原因。
2. 简述缺失值的处理过程及处理方法。
3. 数据预处理主要包括哪几个过程，谈谈你的理解。
4. 简述数值规约的常用方法。
5. 自己选择合适的数据，对数据的缺失值和异常值进行识别和处理。

第 3 章　关联规则挖掘

【学习目标】掌握并区分关联规则的基本概念；掌握关联规则的两种常用方法——简单关联规则和序列关联规则，并理解 Apriori 算法和 SPADE 算法的计算步骤；掌握关联规则函数的用法，并利用 R 软件进行简单关联分析和序列关联分析。

3.1　关联规则的基本概念

关联规则挖掘是一种经典的数据挖掘算法，目的是从构建的庞大数据库中发现有趣的关联关系和相关关系。关联规则分析也称为购物篮分析，最早是为了发现超市销售数据中不同商品之间的关联关系。例如，超市的决策者想了解顾客的购物习惯，如“某个顾客购买了电脑，那么他在半年以内购买数码相机的概率有多大”。可能会发现购买甜点的顾客有很大的可能去购买葡萄酒，这样就生成了一条关联规则“甜点→葡萄酒”，甜点是规则的前项，葡萄酒是规则的后项。决策者根据这样的规则，就可以通过适当对甜点进行促销或者降价，进而增大葡萄酒的销量。

关联规则挖掘是数据挖掘的一个重要课题，被业界深入研究，现如今关联规则已经在购物篮分析、网络设计与优化、关联规则分类、药物成分关联分析、设备故障诊断等多个领域得到广泛应用。

关联规则挖掘可以分为两个子问题：第一个是利用给定的最小支持度从数据库中筛选出所有的频繁项集；第二个是通过频繁项集进行关联规则的生成，并依据最小置信度筛选得出强关联规则。识别和发现所有的频繁项集是关联规则算法的核心，关联规则有以下基本概念。

3.1.1　项集和事务

数据库中不可分割的最小单位称为项，项集就是项的集合，如{牛奶、面包}是一个 2-项集。设集合 $I=\{i_1,i_2,\cdots,i_k\}$ 为项集，k 为集合中的项目数，所以 I 称为 k-项集。

简单关联分析的对象是事务（transaction）。事务可以理解为一种行为，其含义极其广泛。例如，超市顾客的购买行为是一种事务，银行办理贷款业务是一种事务，网民的网页浏览行为也是一种事务等。

事务数据库通常是由一系列具有唯一标识的事务组成的。例如，表 3-1 是 3 名网民某一天的浏览记录，其中 TID 表示事务标识，A、B、C、D、E、F 分别表示的是 6 个不同的网站。这里包含 3 个事务，I 包含 6 个项（$k=6$），对于 1 号网民，其一天浏览了 4 个网站（第一个事务），项集 I 是一个 4-项集。可见，本例题包含 1 个 3-项集、1 个 4-项集和 1 个 5-项集。

表 3-1　网民浏览网站示例

TID	项集 I
1	ABCD
2	BDF
3	ACDEF

3.1.2　关联规则

形如 $X \to Y$ 表达式就是关联规则，其中 X 和 Y 分别是项集 I 的真子集，并且 X 和 Y 相互独立，二者之间不存在交集。X 为前项，称为规则的前提，Y 为后项，称为规则的结果。关联规则反映的就是 X 中的项目出现时，Y 中的项目也跟着出现的规律。

3.1.3　关联规则的支持度和置信度

项集 X 和 Y 同时发生的概率称为关联规则的支持度（也称为相对支持度），记为 $\text{support}\,(X \to Y)$，即

$$\text{support}\,(X \to Y) = \text{support}(X \cup Y) = P(XY) \tag{3-1}$$

项集 X 发生，则项集 Y 发生的概率称为关联规则的置信度，记为 $\text{confidence}\,(X \to Y)$，即

$$\text{confidence}(X \to Y) = \frac{\text{support}(X \cup Y)}{\text{support}(X)} = P(Y \mid X) \tag{3-2}$$

3.1.4　最小支持度和最小置信度

最小支持度（min_sup）是用户或者专家定义的衡量支持度的一个阈值，表示项目集在统计意义上的最低重要性；最小置信度（min_conf）是用户或者专家定义的衡量置信度的一个阈值，表示关联规则的最低可靠性。

3.1.5　强关联规则

当 $\text{support}(X \to Y) \geqslant \text{min\_sup}$ 并且 $\text{confidence}(X \to Y) \geqslant \text{min\_conf}$ 时，称关联规则 $X \to Y$ 为强关联规则，否则为弱关联规则。一般意义上的关联规则都是强关联规则。

3.1.6　频繁项集

项目集 U 在事务数据库 T 上的支持度是包含 U 的事务在 T 中所占的比例，即

$$\text{support}(U) = \frac{\| \{t \in T \mid U \in t\} \|}{\| T \|} \tag{3-3}$$

其中，$\|\cdot\|$ 为集合中的元素数目。对于项目集 U，在事务数据库 T 中所有满足用户或者专家指定的最小支持度的项目集，即不小于 min_sup 的 U 的非空子集，称为频繁项集。

3.1.7 支持度计数

项集 X 的支持度计数是事务数据集中包含项集 X 的事务个数，简称为项集的频率或计数。已知项集的支持度计数，则规则 $X \to Y$ 的支持度 support($X \to Y$)和置信度 confidence ($X \to Y$)可以从所有事务计数、项集 X 和项集 $X \cup Y$ 事务个数推出：

$$\text{support}(X \to Y) = \frac{\text{support\_count}(X \cup Y)}{\text{total\_count}(X)} \tag{3-4}$$

$$\text{confidence}(X \to Y) = \frac{\text{support\_count}(X \cup Y)}{\text{support\_count}(X)} \tag{3-5}$$

通过上述的推导式可以发现，一旦得到所有事务计数、项集 X 和项集 $X \cup Y$ 支持度计数，就可以推导出关联规则 $X \to Y$ 和 $Y \to X$ ，并可以检查是否是强关联规则。

3.2 简单关联规则挖掘

3.2.1 简单关联规则的定义

简单关联规则的一般形式可以表示为 $X \to Y(S = s\%, C = c\%)$ ，其中 X 和 Y 分别表示关联规则的前项和后项；X 可以是一个项目或项集，也可以是一个包含项目和逻辑操作符的表达式；Y 通常是一个项目，表示某种结论或者事实；S 和 C 分别表示的是规则的支持度和置信度。$S = s\%$ 表示规则的支持度为 $s\%$ ，$C = c\%$ 表示规则的置信度为 $c\%$ 。简单关联规则的含义可以理解为：有 $c\%$ 的把握可以认为前项发生了后项也会跟着发生，该简单关联规则的适用性为 $s\%$ 。

例如，甜点 $\to$ 牛奶（$S = 80\%, C = 90\%$）就是一条简单关联规则，其中前项和后项均有一个项目。该条关联规则的含义可以理解为：有 90%的把握可以认为购买了甜点就会购买牛奶，该条简单关联规则的适用性为 80%。

再例如，性别（男）$\cap$ 年龄（中年）$\to$ 啤酒（$S = 80\%, C = 85\%$），这也是一条简单关联规则。其中规则的首项是包含逻辑与的逻辑表达式。这里，不同属性项集和属性取值（项目）用“属性名（属性值）”的形式表示。比如，性别（男）表示的是性别是男，年龄（中年）表示的是年龄是中年。该关联规则的含义可以理解为：有 85%的把握认为中年男性会购买啤酒，该规则的适用性为 80%。

3.2.2 如何评价简单关联规则的有效性

通过构建的事务性数据库通常可以得到很多条关联规则，但是并不是所有的关联规则都是有效的。当一条关联规则令人信服的水平不高或者适用的范围不广泛时，这条关联规则就不具备有效性。判断一条关联规则是否有效，需要借助各种测量指标，其中最常用的是关联规则的置信度和支持度。

1. 规则置信度

规则置信度（confidence）是对简单关联规则准确度的测量，定义为包含项集 X 的事务中也包含项集 Y 的概率。包含项集 X 的事务中可能同时包含项集 Y 也可能不包含。若置信度高，则说明 X 出现则 Y 出现的可能性高。

例如，甜点 $\rightarrow$ 牛奶（$S=80\%, C=90\%$），表示该规则（即购买甜点就购买牛奶）的置信度为 90%。

2. 规则支持度

规则支持度（support）测度简单关联规则的普适性，定义为项集 X 和项集 Y 同时出现的概率。若规则的支持度太低，则说明规则不具备一般性。

例如，甜点 $\rightarrow$ 牛奶（$S=80\%, C=90\%$），表示该规则（即购买甜点就购买牛奶）的支持度为 80%。

此外，还可以计算简单关联规则的前项支持度和后项支持度，它们分别表示为

$$\text{support}(X)=\frac{\text{support\_count}(X)}{\text{total\_count}(X)}\text{；}\quad \text{support}(Y)=\frac{\text{support\_count}(Y)}{\text{total\_count}(X)}$$

规则支持度和规则置信度具有内在联系，分析它们的数学定义，可得

$$\text{confidence}(X\rightarrow Y)=\frac{\text{support}(X\rightarrow Y)}{\text{support}(X)} \tag{3-6}$$

即规则的置信度就是规则的支持度与前项支持度的比。

只有关联规则具有较高的置信度和支持度才是一条有效的关联规则，如果规则支持度较高，但是置信度较低，表明规则的可信程度差；如果规则置信度较高，但是支持度较低，表明规则应用的机会较少。一个置信度较高但是普适性低的规则并没有太大的应用价值。例如，100 个顾客的购物行为中，只有 1 个顾客购买了螺母，同时也只有他购买了螺栓，虽然“螺母→螺栓”这条规则的置信度是 100%，但是支持度仅有 1%，表明该规则缺乏普适性，应用价值不高。

因此，简单关联分析不仅要找到简单关联规则，更重要的是要在大量的规则中筛选出那些同时具有较高置信度和较高支持度的规则。所以，用户或者专家给出了一个最小支持度和最小置信度的阈值，只有大于最小支持度和最小置信度阈值的规则才是有效的。阈值设置要尽可能合理，如果支持度阈值太小，得到的简单关联规则会失去一般性，如果支持度阈值过大，可能无法找到支持度如此高的规则；同样，如果置信度阈值太小，得到的简单关联规则可信度不高，如果置信度阈值过大，可能无法找到置信度如此高的规则。

3.2.3　如何评价简单关联规则的实用性

简单关联规则的实用性可以体现在两方面：一方面，简单关联规则应具有实际意义，如“裙子→女性”这条没有实用价值；另一方面，简单关联规则应具有指导意义，即使一

些简单关联规则的支持度和置信度均大于规定的最小支持度和最小置信度的阈值，具有有效性，但是仍没有指导意义，具体表现为以下情况。

1. 简单关联关系可能仅仅是一种随机关联关系

例如，超市依据调查结果发现，购买啤酒与否和性别的简单关联规则：啤酒→性别（男）（$S=70\%$，$C=70\%$），在最小支持度和最小置信度为 50%的情况下，该规则是一条有效的关联规则。但通过进一步的计算发现，顾客中男性的比例（关联规则的后项）也是 70%，即购买啤酒的顾客等于所有顾客的男性比例。因此，可以认为该关联规则是一种前后项无关联的随机关联规则，不具有指导作用，也不具有实用性。

2. 简单关联关系可能是反向关联关系

例如，某公司依据调查结果发现，公司员工的业绩优秀与否与晚上加班的简单关联规则：业绩（优秀）→加班（$S=70\%$，$C=65\%$），在最小支持度和最小置信度为 50%的情况下，该规则是一条有效的关联规则。但是进一步的研究发现，80%（后项支持度）的员工是加班的，即业绩优秀员工中加班的比例低于总体的比例。此时认为，业绩优秀与加班的关联是反向的，是一条误导性的规则。事实上，只有业绩优秀的员工中晚上加班的比例大于 80%的规则，才是一条具有实际指导意义的有效关联规则。

通过上述两个小例子可以看出，规则的支持度和置信度只能测量简单关联规则的有效性，因此还需要借助规则的提升度来衡量其是否具备实用性。

规则的提升度（lift）定义为规则置信度和后项支持度之比，即

$$\mathrm{lift}(X \to Y)=\frac{\mathrm{confidence}(X \to Y)}{\mathrm{support}(Y)}=\frac{\mathrm{support}(X \to Y)}{\mathrm{support}(X)\mathrm{support}(Y)} \tag{3-7}$$

规则提升度反映了项集 X 的出现对项集 Y 出现的影响程度。从统计学角度来看，如果项集 X 对项集 Y 没有影响，也就是二者之间是独立的，则有 $\mathrm{support}(X \to Y)=\mathrm{support}(X)\mathrm{support}(Y)$，此时的提升度是等于 1 的。所以如果一条简单关联规则具有实用性，那么提升度应该是大于 1 的，意味着 X 的出现对 Y 的出现有促进作用，规则提升度值越大，促进作用越强。

上述两个例子，虽然规则都是有效的，但是规则的提升度分别是 $70\%/70\%=1$ 和 $65\%/80\%<1$，没有实用性。

综上所述，简单关联分析的目标就是发现同时具有有效性和实用性的关联规则。

3.2.4 简单关联规则的高效算法——Apriori 算法

1）Apriori 算法的基本思想

Apriori 算法是最著名的关联规则发现方法，其基本思想是通过对数据库进行多次扫描来计算项集的支持度，发现所有的频繁项集，并生成关联规则。第一次扫描发现频繁 1-项集的集合 L_1，第二次扫描发现频繁 2-项集的集合 L_2，第 k（$k>2$）次扫描发现频繁 k-项集的集合 L_k，同时计算出 L_k 中元素的支持度，算法在候选 k-项集的集合 L_k 为空时结束。

2）寻找频繁项集：Apriori 算法的重中之重

寻找频繁项集是 Apriori 算法提高寻找关联规则效率的关键。Apriori 算法寻找频繁项集的基本原则是：以图 3-1 为例，如果最底层 C 项的 1-项集是唯一的非频繁项集（灰色

圆圈内为非频繁项集），那么包含 C 项的所有项集（即 C 的超集）都不可能是频繁项集。因为这些项集的关联规则不可能有较高的支持度，所以后续无须再对这些项集进行判断，这极大地简化了运算的过程。

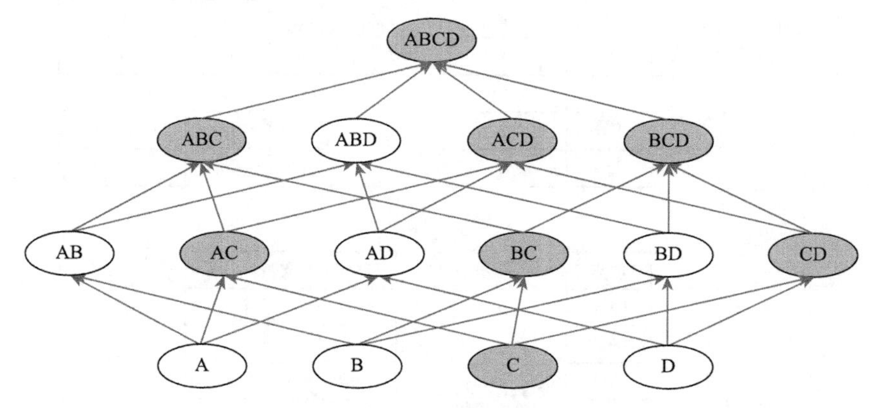

图 3-1　寻找频繁项集

如图 3-1 所示，若顶层灰色的圆圈{ABCD}项集是频繁 4-项集，则简单关联规则{ABC}→{D}、{ABD}→{C}、{ACD}→{B}和{BCD}→{A}，一定具有较高的支持度；更进一步地，{ABC}、{ABD}、{ACD}、{BCD}，以及{AB}、{AC}、{AD}、{BC}、{BD}、{CD}都一定是频繁项集。

Apriori 算法从底层 1-项集开始，采用迭代方式逐层找到下层的超集，并进一步地发现频繁项集。如此反复，直到最顶层得到最大频繁项集为止。每次迭代可以分为两步。

第一步，产生候选项集 C_k。候选项集是有可能成为频繁项集的项目集合。$k=1$ 时，候选项集 C_k 是所有的 1-项集。

第二步，修剪候选项集 C_k。基于候选项集 C_k 计算支持度，且依据最小支持度对候选项集 C_k 进行删减，最终确定最大频繁项集 L_k。通过计算 C_k 所有 k-项集的支持度，基于用户指定的最小支持度阈值对其进行删减，对于没有成为频繁项集的其他 k-项集，基于上述原则，它们的超集也不可能是频繁项集，也应剔除，且后续不需要再考虑。重复上述过程，直到无法产生频繁项集为止。

3）Apriori 算法实例分析

表 3-2 为某超市销售事务数据库 D，其中包括 9 个事务，5 件商品可供顾客选择，设最小项集 minsup_count = 2，对应的支持度为 22%，使用 Apriori 算法发现 D 中的频繁项集。

表 3-2　某超市销售事务数据库

TID	商品 ID 列表	TID	商品 ID 列表
1	ABE	6	BC
2	BD	7	AC
3	BC	8	ABCE
4	ABD	9	ABC
5	AC		

寻找所有频繁项集的过程如图 3-2 所示。

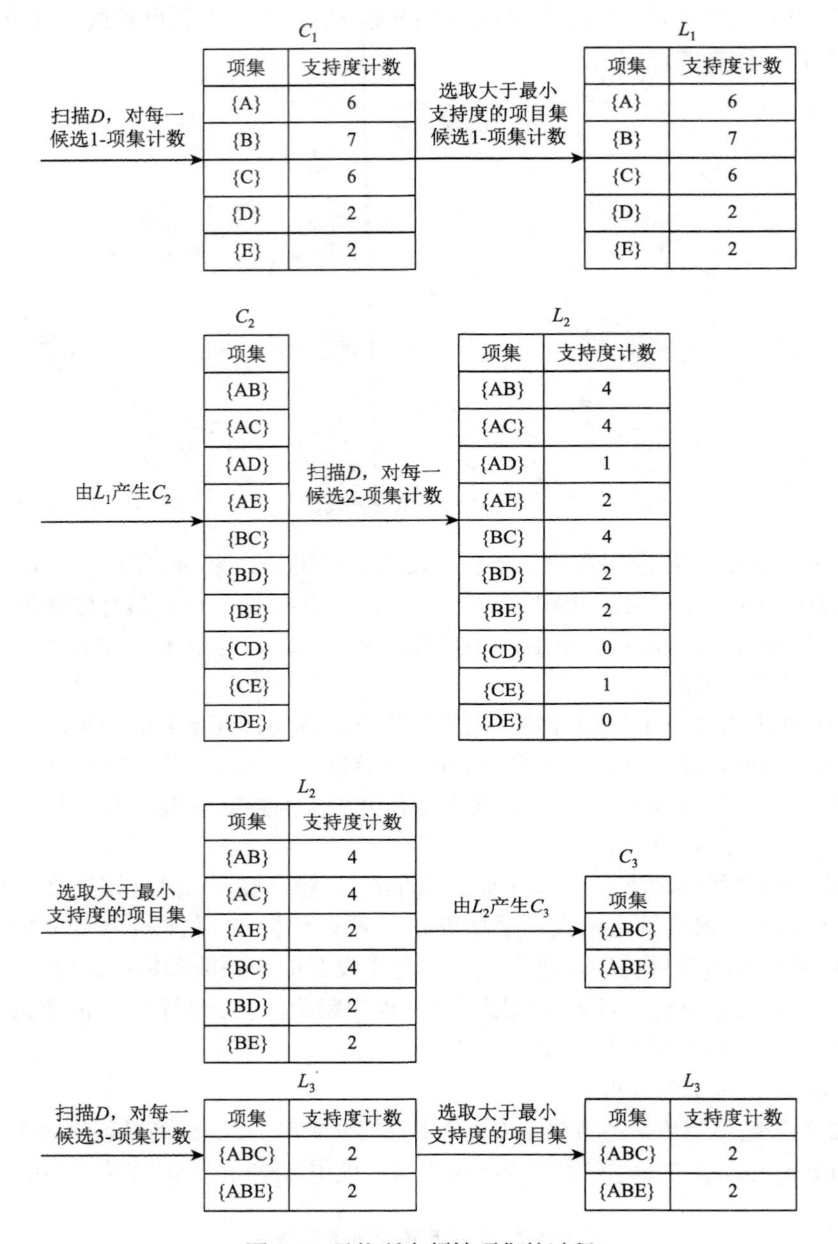

图 3-2　寻找所有频繁项集的过程

3.3　序列关联规则挖掘

序列关联分析也称为时序关联分析，是从所收集的众多事务序列中，发现某个事务序列发展的前后关联性，找出连续出现的规律。序列关联规则通常与时间有关。

3.3.1　序列关联规则的定义

序列关联研究的对象是事务序列，一个事务序列是由多个事务按时间排序的集合，简称序列。序列关联分析的最终目的是生成具有前后关联性的序列关联规则。

序列关联规则的一般形式可以表示为$(X) \to Y$（$S = s\%, C = c\%$），其中X和Y分别表示序列关联规则的前项和后项；X可以是一个项目或项集，也可以是一个包含项目和逻辑操作符的表达式；Y通常是一个项目，表示某种结论或者事实；括号中，$S = s\%$表示规则的支持度为$s\%$，$C = c\%$表示规则的置信度为$c\%$。

序列关联规则的含义可以理解为：有$c\%$的把握可以认为前项发生了后项也会跟着发生，该序列关联规则的适用性为$s\%$。

例如，表 3-3 是某超市顾客的购物记录数据。

表 3-3　某超市顾客购物记录数据

会员卡号	时间 1	时间 2	时间 3	时间 4
001	{玉米，大豆}	{面包}	{啤酒}	
002	{面包}	{啤酒}	{玉米}	
003	{果蔬}	{面包}	{玉米，啤酒}	
004	{大豆}	{面包}	{啤酒}	{玉米}
005	{啤酒}	{玉米，大豆}	{果蔬}	
006	{大豆}	{果蔬}		

（1）序列关联规则：{玉米，大豆}→{面包}→{啤酒}，表示如果同时购买了玉米和大豆后又购买面包，则未来将购买啤酒。该序列关联规则的支持度S等于$1/6 = 0.17$，置信度C等于$1/1 = 1$。

（2）序列关联规则：{面包}→{啤酒}，表示购买面包后，未来将购买啤酒。该序列关联规则的支持度S等于$4/6 = 0.67$，置信度C等于$4/4 = 1$。

（3）序列关联规则：{玉米}→{面包}，表示购买玉米后，未来将购买面包。该序列关联规则的支持度S等于$1/6 = 0.17$，置信度C等于$1/5 = 0.2$。

（4）序列关联规则：{面包}→{玉米}，表示购买面包后，未来将购买玉米。该序列关联规则的支持度S等于$3/6 = 0.5$，置信度C等于$3/4 = 0.75$。

与简单关联规则相似，只有序列关联规则的支持度和置信度大于用户指定的最小支持度和最小置信度阈值时，才是有效的序列关联规则。假定用户指定最小支持度和最小置信度均为 0.5，则只有{面包}→{啤酒}、{面包}→{玉米}是有效的序列关联规则。

3.3.2　如何生成序列关联规则

生成序列关联规则需要进行两步。

（1）第一步，搜索频繁事务序列。频繁事务序列是指事务序列的支持度大于用户指定的最小支持度阈值。基本的出发点为：首先，只有频繁 1-序列才能构建频繁 2-序列，所以应当寻找频繁 1-序列；其次，只有频繁 2-序列才能构建频繁 3-序列，应当继续寻找频繁 2-序列；如此反复，直到寻找频繁 k -序列。

（2）第二步，依据频繁事务序列生成序列关联规则。

可见，生成序列关联规则与生成简单关联规则有类似之处，其关键是如何在大数据集中快速高效地搜索频繁 k -序列。

3.3.3 序列关联规则的高效算法——SPADE 算法

SPADE 是 sequential pattern discovery use equivalence class 的英文缩写，采用纵向 id 列表形式组织事务序列，基于对等类的候选序列组合，只需要很少次的数据集扫描即可得到频繁 k -序列。

1. 纵向 id 列表

纵向 id 列表中，“纵向”是相对“横向”而言的，表 3-4 是“横向”id 列表方式，为提高搜索效率，SPADE 算法采用“纵向”列表方式，见表 3-5。

表 3-4 横向列表方式展示

Sid	Eid	事务	Sid	Eid	事务
1	10	{C, D}	2	20	{E}
1	15	{A, B, C}	3	10	{A, B, F}
1	20	{A, B, F}	4	10	{D, G, H}
1	25	{A, C, D, F}	4	20	{B, F}
2	15	{A, B, F}	4	25	{A, G, H}

注：Sid 为会员卡号，Eid 为时间点

表 3-5 纵向列表方式展示

A		B		D		F	
Sid	Eid	Sid	Eid	Sid	Eid	Sid	Eid
1	15	1	15	1	10	1	20
1	20	1	20	1	25	1	25
1	25	2	15	4	10	2	15
2	15	3	10			3	10
3	10	4	20			4	20
4	25						

因为把事务序列数据按项目拆开，所以纵向列表更方便计算各个 1-序列的支持度，进而搜索出频繁 1-序列。与 Apriori 算法类似，在找出频繁 1-序列之后，通过排列组合方式继续寻找频繁 k -序列，如表 3-6 所示。

表 3-6　纵向列表方式示例（ k -序列）

D		D→B			D→BF				D→BF→A				
Sid	Eid(D)	Sid	Eid(D)	Eid(B)	Sid	Eid(D)	Eid(B)	Eid(F)	Sid	Eid(D)	Eid(B)	Eid(F)	Eid(A)
1	10	1	10	15	1	10	20	20	1	10	20	20	25
1	25	1	10	20	4	10	20	20	4	10	20	20	25
4	10	4	10	20									

由于实现上述排列组合方式需要多次访问数据库，大大降低了算法的效率，为此，SPADE 算法将表 3-6 纵向列表形式转化成如表 3-7 所示的横向列表形式。表 3-7 中括号内的第一个元素和第二个元素分别表示项目和 Eid，方便计算 2-序列的支持度，并找到频繁 2-序列。

表 3-7　成对横向列表方式示例

Sid	成对 id 列表
1	(A 15)，(A 20)，(A 25)，(B 15)，(B 20)，(C 10)，(C 15)，(C 25)，(D 10)，(D 25)，(F 20)，(F 25)
2	(A 15)，(B 15)，(E 20)，(F 15)
3	(A 10)，(B 10)，(F 10)
4	(A 25)，(B 20)，(D 10)，(F 20)，(G 10)，(G 25)，(H 10)，(H 25)

2. 对等类候选序列组合方式

随着频繁 2-序列生成频繁 3-序列及频繁 k -序列，算法的效率也会随之呈指数倍降低，因为 SPADE 算法基于对等类一次性找到所有可能的 k -序列。例如，对于频繁 2-序列（B→A），所有等类频繁序列包括：{B→AB，B→AD，B→A→A，B→A→D，B→A→F}。为了方便讨论，将 B→A 记为 P，则上述的等类频繁序列可以简化为{PB，PD，P→A，P→D，P→F}，其中从形式上来看，PB、PD 为事务，P→A、P→D、P→F 为序列。对于如何连接事务和序列，SPADE 给出了以下规则。

（1）事务连接事务：如事务 PB 和 PD 连接，则结果为 PBD。

（2）事务连接序列：如事务 PB 和序列 P→A 连接，则结果为 PB→A。

（3）序列连接序列：如序列 P→A 和序列 P→F 连接，则结果为 P→AF 或 P→A→F 或 P→F→A；如果序列 P→A 和自己相连接，则结果为 P→A→A。

依据上述原则，例如，P 的两个对等类 P→A 和 P→F，所有可能的连接结果有：P→A→F，P→F→A，P→AF。对于 k -序列，计算各序列的支持度并得到频繁 k -序列，在此基础上可方便生成序列关联规则。

3. 序列关联规则中的时间约束

接下来思考一个问题，如果一个顾客购买了啤酒，在离开超市之后发现忘记买牛奶和面包了，于是又返回购买。那么该购买行为是一次购买，还是两次购买？因为它直接影响了购买序列的表示，即到底是{啤酒}→{牛奶，面包}，还是{啤酒，牛奶，面包}。因此，给出时间序列的约束是非常有必要的。序列关联规则的时间约束主要包括以下两类。

1）持续时间

持续时间也称为交易的有效时间。以顾客购买为例，如果指定持续时间为 30 分钟，则在 30 分钟以内，无论顾客是忘记购买还是其他原因在购买啤酒之后又返回购买了牛奶和面包，都属于一次购买。持续时间可以很短，如秒、分钟或小时等；也可以很长，如月、季度或年等。

2）时间间隔

时间间隔是指事务序列中相邻子序列之间的时间间隔，通常为一个间隔区间[a, b]，其中 $b>a$，表示相邻行为或事务发生的时间间隔不小于 a，且不大于 b。以顾客购买为例，如果指定时间间隔为[10 分钟，30 分钟]，那么返回后的购买与第一次购买的时间间隔大于等于 10 分钟且小于等于 30 分钟时，可以认为它是第二次购买。

3.4 基于 R 语言的关联规则挖掘

3.4.1 简单关联分析的 R 语言应用案例

R 软件的 arules 程序包里含有 Groceries 数据集，该数据集是某个杂货店一个月真实的交易记录，共有 9835 条消费记录，169 个商品。本例中对该数据集进行关联规则挖掘，目的是发现数据集中的简单关联性，可充分体现 R 语言在简单关联分析中的应用。

1. 加载数据集

简单关联分析的 R 函数在 R 的 arules 包中，首次使用时应下载安装并加载到 R 的工作空间中。

```
>library（arules）
>data（Groceries）
>class（Groceries）
[1] "transactions"
attr（, "package"）
[1] "arules"
>dim（Groceries）
[1] 9835    169
>summary（Groceries）
transactions as itemMatrix in sparse format with
 9835 rows（elements/itemsets/transactions）and
 169 columns（items）and a density of 0.02609146
most frequent items:
       whole milk      other vegetables       rolls/buns       soda
          2513              1903              1809            1715
         yogurt           （Other）
          1372             34055
```

```
element (itemset/transaction) length distribution:
sizes
   1    2    3    4    5    6    7    8    9   10   11   12   13   14   15
2159 1643 1299 1005  855  645  545  438  350  246  182  117   78   77   55
  16   17   18   19   20   21   22   23   24   26   27   28   29   32
  46   29   14   14    9   11    4    6    1    1    1    1    3    1

   Min. 1st Qu.  Median    Mean 3rd Qu.    Max.
  1.000   2.000   3.000   4.409   6.000  32.000
```

从上述输出结果中可以看到，运用 class（）函数可以查看数据类型，数据类型为 transactions，这是专门用于挖掘项集和规则的类型。运用 dim（）函数可以查看数据集的行数和列数，行数为 9835 行，列数为 169 列。运用 summary（）函数对数据进行描述性统计，输出结果显示 whole milk 是最大的频繁项集，出现了 2513 次，其次是 other vegetables、rolls/buns、soda 和 yogurt。

2. 对数据集进行处理分析

```
>colnames (Groceries[, 1: 3])
[1] "frankfurter" "sausage"     "liver loaf"
>itemFreq = itemFrequency (Groceries)
>itemFreq[1: 3]
frankfurter     sausage    liver loaf
0.058973055 0.093950178 0.005083884
>support = sort (itemFrequency (Groceries), decreasing = T)
>support[1: 3]
      whole milk   other vegetables       rolls/buns
       0.2555160          0.1934926        0.1839349
```

从上述输出结果中可以看到，数据集的前三列分别为 frankfurter、sausage 和 liver loaf，支持度分别为 0.059、0.094 和 0.005。按照支持度大小进行排序，前三依次为 whole milk、other vegetables 和 rolls/buns。

3. 有效关联规则提取

搜索有效关联规则的 R 函数是 apriori 函数，基本书写格式为

apriori（data = transactions，parameter = NULL，apearance = NULL）

（1）进行关联规则挖掘的数据应事先组织在参数 data 指定的 transactions 类对象中。

（2）参数 parameter 主要成分如下所示。support（默认值 0.1）；confidence（默认值 0.8）；minlen 指定关联规则所包含的最小项目数（默认值 1）；maxlen 指定关联规则所包含的最大项目数（默认值 10）；target 指定最终给出的搜索结果：rule 表示给出简单关联规则，

frequent itemsets 表示给出所有频繁项集，max frequent itemsets 表示给出最大频繁项集和最大频繁 k-项集。

（3）参数 appearance 是一个关于关联约束的列表，包含的主要成分有：lhs 指定仅给出规则前项中符合指定特征的规则；rhs 指定仅给出规则后项中符合指定特征的规则；items 针对频繁项集，指定仅给出包含某些项的频繁项集；nono 指定仅给出不包含某些特征的项集或规则；default 指定对关联约束列表中没有明确指定特征的项，按默认情况处理。

```
>rules = apriori（data = Groceries，parameter = list（support = 0.02，confidence = 0.4，minlen = 2，target = "rules"））
>summary（rules）
set of 15 rules

rule length distribution（lhs + rhs）：sizes
 2  3
12  3
   Min.  1st Qu.  Median   Mean  3rd Qu.   Max.
    2.0     2.0     2.0     2.2     2.0     3.0

summary of quality measures：
     support              confidence          coverage             lift             count
 Min.：  0.02044     Min.：  0.4016    Min.：  0.04342    Min.：  1.572    Min.：  201.0
 1st Qu.：0.02318    1st Qu.：0.4091   1st Qu.：0.05069   1st Qu.：1.640   1st Qu.：228.0
 Median：0.02755     Median：0.4487    Median：0.05857    Median：1.850    Median：271.0
 Mean：  0.03159     Mean：  0.4480    Mean：  0.07178    Mean：  1.863    Mean：  310.7
 3rd Qu.：0.03726    3rd Qu.：0.4816   3rd Qu.：0.08831   3rd Qu.：1.977   3rd Qu.：366.5
 Max.：  0.05602     Max.：  0.5129    Max.：  0.13950    Max.：  2.450    Max.：  551.0

mining info：
        data ntransactions support confidence
   Groceries          9835    0.02        0.4
>inspect（rules）
               lhs                    rhs              support     confidence   coverage
lift
[1]  {frozen vegetables}  =>{whole milk}      0.02043721  0.4249471  0.04809354
1.663094
[2]  {beef}               =>{whole  milk}     0.02125064  0.4050388  0.05246568
1.585180
[3]  {curd}               =>{whole  milk}     0.02613116  0.4904580  0.05327911
1.919481
```

[4] {margarine} =>{whole milk} 0.02419929 0.4131944 0.05856634 1.617098

[5] {butter} =>{whole milk} 0.02755465 0.4972477 0.05541434 1.946053

[6] {domestic eggs} =>{whole milk} 0.02999492 0.4727564 0.06344687 1.850203

[7] {whipped/sour cream} =>{other vegetables} 0.02887646 0.4028369 0.07168277 2.081924

[8] {whipped/sour cream} =>{whole milk} 0.03223183 0.4496454 0.07168277 1.759754

[9] {tropical fruit} =>{whole milk} 0.04229792 0.4031008 0.10493137 1.577595

[10] {root vegetables} =>{other vegetables} 0.04738180 0.4347015 0.10899847 2.246605

[11] {root vegetables} =>{whole milk} 0.04890696 0.4486940 0.10899847 1.756031

[12] {yogurt} =>{whole milk} 0.05602440 0.4016035 0.13950178 1.571735

[13] {root vegetables, other vegetables} =>{whole milk} 0.02318251 0.4892704 0.04738180 1.914833

[14] {root vegetables, whole milk} =>{other vegetables} 0.02318251 0.4740125 0.04890696 2.449770

[15] {other vegetables, yogurt} =>{whole milk} 0.02226741 0.5128806 0.04341637 2.007235

从上述输出结果中可以看到，运用 apriori（）函数，在指定最小支持度和最小置信度阈值为 0.02 和 0.4 时，共给出简单关联规则 15 条。如：

{frozen vegetables}→{whole milk}（$S=0.0204$，$C=0.4249$，$L=1.6631$）

在不明确指定规则的情况下，会得到很多条关联规则。不同关联规则之间可能存在包含或者被包含的关系，称之为冗余规则。但是并不是意味着冗余规则就是没有价值的规则，当冗余规则的提升度大于简单关联规则的提升度时，冗余规则可被采纳；相反，当冗余规则的提升度小于简单关联规则的提升度时，可仅采纳简单关联规则而忽略冗余规则。

例如，本例题的第 11 条和第 13 条规则。第 11 条规则说明购买 root vegetables 的顾客青睐 whole milk，第 13 条规则说明购买 root vegetables 和 other vegetables 的顾客青睐 whole milk。第 13 条规则的前项项集是第 11 条规则前项项集的超集，认为第 13 条规则是一条冗余规则。对于冗余规则，可以使用 is.subset（）函数进行判断。

[R 软件程序]

```
>（SuperSetF = is.subset（rules, rules））
>rules2 = inspect（rules[-which（colSums（SuperSetF）>1）]）
```

```
{whole milk, frozen vegetables}                      |..............
{beef, whole milk}                                   .|.............
{whole milk, curd}                                   ..|............
{whole milk, margarine}                              ...|...........
{whole milk, butter}                                 ....|..........
{whole milk, domestic eggs}                          .....|.........
{other vegetables, whipped/sour cream}               ......|........
{whole milk, whipped/sour cream}                     .......|.......
{tropical fruit, whole milk}                         ........|......
{root vegetables, other vegetables}                  .........|..||.
{root vegetables, whole milk}                        ..........|.||.
{whole milk, yogurt}                                 ...........|..|
{root vegetables, other vegetables, whole milk}      ............||.
{root vegetables, other vegetables, whole milk}      ............||.
{other vegetables, whole milk, yogurt}               ..............|
```

本例题得到一个 15×15 的逻辑向量矩阵，第 i 行、第 j 列上得到逻辑值为 TRUE 则表示为“.”，为 FALSE 则表示为“|”，表明第 i 行上的规则是或者不是第 j 列上规则的子集。进一步地，对逻辑矩阵的各列进行合计，大于 1 的列所对应的规则为冗余规则。本例题共产生 3 条冗余规则。

```
>rules2 = inspect（rules[-which（colSums（SuperSetF）>1）]）
        lhs                       rhs                  support     confidence   coverage
lift
[1]  {frozen vegetables}    =>{whole milk}        0.02043721   0.4249471   0.04809354
1.663094
[2]  {beef}                 =>{whole milk}        .02125064    0.4050388   0.05246568
1.585180
[3]  {curd}                 =>{whole milk}        0.02613116   0.4904580   0.05327911
1.919481
[4]  {margarine}            =>{whole milk}        0.02419929   0.4131944   0.05856634
1.617098
[5]  {butter}               =>{whole milk}        0.02755465   0.4972477   0.05541434
1.946053
[6]  {domestic eggs}        =>{whole milk}        0.02999492   0.4727564   0.06344687
1.850203
[7]  {whipped/sour cream} =>{other vegetables} 0.02887646 0.4028369   0.07168277
2.081924
[8]  {whipped/sour cream} =>{whole milk}          0.03223183   0.4496454   0.07168277
1.759754
```

[9]　{tropical fruit}　　=>{whole milk}　　0.04229792　0.4031008　0.10493137
1.577595

[10] {root vegetables}　=>{other vegetables}　0.04738180　0.4347015　0.10899847
2.246605

[11] {root vegetables}　=>{whole milk}　　0.04890696　0.4486940　0.10899847
1.756031

[12] {yogurt}　　=>{whole milk}　　0.05602440　0.4016035　0.13950178
1.571735

从上述输出结果中可以看到，剔除 3 条冗余规则之后，还剩 12 条简单关联规则。最后比较冗余规则与简单关联规则的提升度大小：冗余规则{root vegetables，other vegetables}→{whole milk}的提升度为 1.915，简单关联规则{root vegetables}→{whole milk}的提升度为 1.756，冗余规则是有价值的；冗余规则{root vegetables，whole milk}→{other vegetables}的提升度为 2.45，简单关联规则{root vegetables}→{other vegetables}的提升度为 2.247，冗余规则是有价值的；冗余规则{other vegetables，yogurt}→{whole milk}的提升度为 2.007，简单关联规则{yogurt}→{whole milk}的提升度为 1.572，冗余规则是有价值的。

3.4.2　序列关联分析的 R 语言应用案例

序列关联分析的 R 函数在 R 的 arulesSequences 包中，首次使用时应下载安装，并加载到 R 的工作空间中。本节利用表 3-4 的数据进行序列关联分析。同事务数据相比，事务序列数据包含序列标志 Sid 和事务标志 Eid，通常第 1 列为 Sid，第 2 列为 Eid，后续为一个事务。例如，表 3-4 的文本数据形式为

```
1, 10, C, D
1, 15, A, B, C
1, 20, A, B, F
1, 25, A, C, D, F
2, 15, A, B, F
2, 20, E
3, 10, A, B, F
4, 10, D, G, H
4, 20, B, F
4, 25, A, G, H
```

1. 读取事务序列数据

依据 R 的 S4 规则，利用 read_baskets 函数把上述格式数据读入到一个有 Sid 和 Eid 标识的 transaction 类对象中。基本书写格式如下：

```
>read_baskets（con = 文件名，sep = "，"，info = c（"sequenceID"，"eventID"））
```

其中，参数 info 中字符向量元素对应 Sid 和 Eid。

2. 序列关联分析挖掘

搜索序列关联规则的 R 函数是 apriori 函数，基本书写格式如下：

＞cspade（data = transaction 类对象名，parameter = NULL）

参数 parameter 主要成分有：support（默认值 0.1）；minlen 指定关联规则所包含的最小项目数（默认值 1）；maxlen 指定关联规则所包含的最大项目数（默认值 10）；maxwin 指定最大时间窗（大于 0 的整数）；mingap 和 maxgap 分别指定时间间隔的最小值和最大值（大于 0 的整数）。

接着，利用 ruleInduction 函数在频繁序列的基础上生成序列关联规则，基本书写格式如下：

ruleInduction（x = 对象名，confidence = NULL）

其中，confidence 为指定的最小置信度，默认值为 0.8。

＞library（arulesSequences）

＞data2 = read_baskets（con = "C：/Users/17563/Desktop/序列关联规则数据.txt"，sep = "，"，

info = c（"sequenceID"，"eventID"）

＞Fsets = cspade（data = data2，parameter = list（support = 0.5））

＞inspect（Fsets）

```
Items      support
1＜{A}＞  1.00

2＜{B}＞  1.00

3＜{D}＞  0.50

4＜{F}＞  1.00



5＜{A,
   F}＞  0.75



6＜{B,
   F}＞  1.00



7＜{D},
```

```
Items      support
12＜{B},
     {A}＞  0.50
13＜{D},
     {A}＞  0.50
14＜{F},
     {A}＞  0.50
15＜{D},
     {F},
     {A}＞  0.50
16＜{B,
      F},
     {A}＞  0.50
17＜{D},
     {B,
      F},
     {A}＞  0.50
```

```
   {F}＞ 0.50
 8＜{D},
   {B},
    F}＞ 0.50
 9＜{A},
    B,
    F}＞ 0.75
10＜{A},
    B}＞ 0.75
11＜{D},
   {B}＞ 0.50
18＜{D},
   {B},
   {A}＞ 0.50
```

设定最小支持度的阈值为 0.5，频繁 1-序列（{B}）的支持度为 1，说明 4 个事务序列均出现了 B；频繁 2-序列（{D}→{A}）的支持度为 0.5，说明 4 个事务序列中有两次先出现 D，后出现 A；频繁 2-序列（{D}→{B}→{A}）的支持度为 0.5，说明 4 个事务序列中有两次先出现 D，再出现 B，最后出现 A。

```
＞Rules = ruleInduction（x = Fsets，confidence = 0.6）
＞Rules.DF = as（Rules，"data.frame"）
＞Rules.DF[Rules.DF$lift＞ = 1，]
```

[R 软件输出结果]

	rule	support	confidence	lift
1	＜{D}＞ => ＜{F}＞	0.5	1	1
2	＜{D}＞ => ＜{B，F}＞	0.5	1	1
3	＜{D}＞ => ＜{B}＞	0.5	1	1
5	＜{D}＞ => ＜{A}＞	0.5	1	1
7	＜{D}，{F}＞ => ＜{A}＞	0.5	1	1
9	＜{D}，{B，F}＞ => ＜{A}＞	0.5	1	1
10	＜{D}，{B}＞ => ＜{A}＞	0.5	1	1

设定最小置信度的阈值为 0.6，提升度的阈值大于等于 1，在频繁项集的基础上生成序列关联规则，共计 7 条。

3.5　小　　结

本章详细介绍了关联规则的理论基础和 R 语言实战。在理论基础方面，一方面详细总结了关联规则的基本概念，包括项集和事务、关联规则的支持度和置信度、频繁项集等；

另一方面，介绍了两种常用的关联规则，即简单关联规则和序列关联规则，梳理了与之相对应的Apriori算法和SPADE算法的计算步骤。在实战方面，介绍了关联规则函数的用法，并利用R软件对输出结果进行解释分析。

思考题与练习题

1. 解释关联规则的定义。
2. 举例说明什么是项集和事务。
3. 描述Apriori关联规则算法。
4. 如表3-8所示的数据库有5个事务，设最小支持度为60%，最小置信度为80%。使用Apriori算法找出所有频繁项集。

表3-8 数据库

TID	商品ID列表
I1	{M, O, N, K, E, Y}
I2	{D, O, N, K, E, Y}
I3	{M, A, K, E}
I4	{M, U, C, K, Y}
I5	{C, O, O, K, I, E}

第4章 聚类分析

【学习目标】通过本章的学习，了解聚类分析的基本思想；理解聚类分析中样本间距离的度量方法；掌握聚类分析的基本方法；并通过实例练习掌握聚类分析在 R 语言中的操作。

4.1 聚类分析的简介

在数据挖掘领域，聚类分析属于无监督学习的一种，其在数据科学领域有着极其重要和广泛的应用。聚类分析作为数据挖掘领域中的一个重要分支，能够高效、便捷地对具有相似属性的个体进行划分归类，使得研究者可以更加清楚地认识到个体之间的结构与本质。

聚类分析，就是对样本（或指标）根据一定的原则，按照它们的相似程度进行归类，使每个相同类别的样本（或指标）之间的差异最小化，不同类别的样本（或指标）之间的差异最大化。根据这一关系，关系密切的样本（或指标）被聚合到一个小的分类单位，关系疏远的样本（或指标）被聚合到一个大的分类单位，直至所有样本（或指标）都被聚合完成，将不同类型逐一划分，形成从小到大的分类系统。在进行聚类分析的过程中，主要任务有两个：一是寻找合理的测度指标来度量样本之间的相似性，二是根据样本的自身特征确定合适的聚类算法。

在聚类分析中，根据分类对象的不同，通常分为 Q 型聚类分析和 R 型聚类分析两种。Q 型聚类分析指样本之间的分类处理，又称为样本聚类分析；R 型聚类分析则是指指标之间的分类处理，又称为指标聚类分析。

聚类分析作为一种无监督、无指导的分类方法，根据样本（或指标）自身的特性进行分类，从而确定分类情况和分类数量。其优点是便于直接观察样本之间的关系，结论形式简明，但本身存在一定的局限性，得到的聚类信息较为粗糙，仅能够将样本数据进行分类，对于后续问题的研究还需使用其他的方法。

4.2 距离与相似度的度量

在聚类过程中，样本（或指标）之间相似性度量指标的选择直接影响聚类效果的好坏。聚类分析中用来衡量样本或指标之间相似程度的指标是不同的。一般来说，衡量样本个体之间属性相似程度的指标是距离系数，即两个样品之间距离越小，说明两个样品间的相似性越大；反之，说明两个样品之间的相似性越小。常用的距离系数有明氏距离、马氏距离、兰氏距离和类间距离。衡量指标变量之间相似程度的指标是相似系数，即两个变量之间的相似系数越大，说明两个变量的相似程度越大；反之，说明两个变量之间的相似程度越小。常用的相似系数统计量有夹角余弦、相关系数。

4.2.1 距离系数

聚类分析中对“距离”的测量同现实生活中物体之间距离的测量有所不同。由于聚类分析中距离系数是样本之间的测量，而在实际研究过程中，样本的数量往往是庞大的，且指标的选择也不是单一的。因此，我们引入数据矩阵，设有 n 个样本，p 个指标，则数据矩阵为

$$\begin{bmatrix} x_{11}, x_{12}, x_{13}, \cdots, x_{1p} \\ x_{21}, x_{22}, x_{23}, \cdots, x_{2p} \\ x_{i1}, x_{i2}, x_{i3}, \cdots, x_{ip} \\ \vdots \quad \vdots \quad \vdots \qquad \vdots \\ x_{j1}, x_{j2}, x_{j3}, \cdots, x_{jp} \\ x_{n1}, x_{n2}, x_{n3}, \cdots, x_{np} \end{bmatrix}$$

因为在数据矩阵中有 p 个指标，可以将每个样本看作 p 维空间中的一个点，n 个样本就构成了 p 维空间中的 n 个点，这样就可以用距离来描述样本之间的接近程度。设 $x_i=(x_{i1},\cdots,x_{it},\cdots,x_{ip})^{\mathrm{T}}$ 为第 i 个样本的观测值，$x_j=(x_{j1},\cdots,x_{jt},\cdots,x_{jp})^{\mathrm{T}}$ 为第 j 个样本的观测值，测量两个样本之间的距离主要有以下几种方法。

1）明氏距离

明氏距离又称明考斯基距离，用来计算第 i 个样本和第 j 个样本之间的距离，计算公式为

$$d_{ij}(q)=\left[\sum_{t=1}^{p}|x_{it}-x_{jt}|^{q}\right]^{1/q} \tag{4-1}$$

其中，当 $q=1$ 时，该距离为绝对距离；当 $q=2$ 时，该距离为欧氏距离；当 $q=3$ 时，该距离为切比雪夫距离。

明氏距离适用于样本数据测量值之间差距不大的情况，当样本之间的测量值相差较大时，采用明氏距离不合理，需要对数据进行标准化处理，然后用标准化后的数据计算距离，公式如下所示：

$$d_{ij}(q)=\left[\sum_{t=1}^{p}|X_{it}-X_{jt}|^{q}\right]^{1/q} \tag{4-2}$$

其中，

$$X_{it}=\frac{x_{it}-\overline{x_t}}{s_t}, i=1,2,\cdots,n; t=1,2,\cdots,p$$

$$X_{jt} = \frac{x_{jt} - \overline{x_t}}{s_t}, j = 1,2,\cdots,n; t = 1,2,\cdots,p$$

$$\overline{x_t} = \frac{1}{n}\sum_{i=1}^{n} x_{it}, s_t = \sqrt{\frac{1}{n-1}\sum_{i=1}^{n}(x_{it} - \overline{x_t})^2}, t = 1,2,\cdots,p$$

明氏距离，特别是其中的欧氏距离，是使用最多的距离计算方法。但明氏距离依然存在不足之处：一是计算时与各指标的量纲有关；二是没有考虑指标之间的相关性。

2）马氏距离

使用马氏距离测量样本之间的数据时，需要引入样本的协方差矩阵Σ，Σ的计算公式如下：

$$\Sigma = (\sigma_{ij})_{p\times p} \tag{4-3}$$

其中，

$$\sigma_{ij} = \frac{1}{n-1}\sum_{a=1}^{n}(x_{ai} - \overline{x_i})(x_{aj} - \overline{x_j}),\ i,j = 1,2,\cdots,p$$

$$\overline{x_i} = \frac{1}{n}\sum_{a=1}^{n} x_{ai}; \overline{x_j} = \frac{1}{n}\sum_{a=1}^{n} x_{aj}$$

其中，当Σ^{-1}存在时，两个样本之间的马氏距离为

$$d_{ij}^2(M) = (x_i - x_j)'\Sigma^{-1}(x_i - x_j) \tag{4-4}$$

其中，x_i表示样本x_i的p个指标组成的向量，即原始资料矩阵的第i行向量，样本x_j表示原始资料矩阵的第j行向量。

马氏距离的优势在于不用考虑各个样本之间的数量级差异，并且它充分利用了变量间的相关关系。然而马氏距离也有劣势，在聚类分析中马氏距离的计算依赖于对协方差逆矩阵的估计，而得到一个好的协方差矩阵估计是不容易的，因此导致了马氏距离在计算上存在不稳定性。如果所得到的样本的取值为分类数据或者顺序数据，显然无法使用上述距离进行聚类。此时，应采用其他方法定义距离。

3）兰氏距离

样本之间的兰氏距离的计算公式为

$$d_{ij}(L) = \frac{1}{p}\sum_{a=1}^{p}\frac{|x_{ia} - x_{ja}|}{x_{ia} + x_{ja}},\ i,j = 1,2,\cdots,n \tag{4-5}$$

兰氏距离仅适用于一切$x_{ij} > 0$的情况。该距离有助于克服各指标之间量纲不同的影响，但没有考虑指标之间的相关性。

4）类间距离

类间距离是用来度量一个类别（样本）与另一个类别（样本）之间距离的统计量。类间距离存在很多种定义方法，但都是以距离系数为依据的。令类别A中有a个样本，类别B中有b个样本，$D(i,j)$为类别A、B中一对样本的距离，其中$i = 1,2,\cdots,a$；$j = 1,2,\cdots,b$。

假设$D(A,B)$为类别A、B之间的距离，常用的几种类间距离定义方法如下。

（1）最小距离法。定义类间距离等于两类距离之间最小的一对样本之间的距离，即

$$D(A,B)=\min\{D(i,j)\} \tag{4-6}$$

（2）最大距离法。定义类间距离等于两类距离之间最大的一对样本之间的距离，即

$$D(A,B)=\max\{D(i,j)\} \tag{4-7}$$

（3）重心距离法。定义类间距离等于两类的重心之间的距离，即

$$D(A,B)=d(X_a,X_b) \tag{4-8}$$

其中，X_a 和 X_b 分别表示类 A 和类 B 的重心，这里的重心是指类内所有样本的均值坐标。

（4）平均距离法。定义类间距离等于两类中所有样本对之间距离的平均值，即

$$D(A,B)=\{\text{sum}D(i,j)\}/(ab) \tag{4-9}$$

（5）中间距离法。定义类间距离等于两类中所有样本对距离的中间值，即

$$D(A,B)=\text{median}\{D(i,j)\} \tag{4-10}$$

（6）Ward 离均差平方和法。定义类间距离等于两类中所有样本的离均差平方和的和，即

$$D(A,B)=S_a+S_b \tag{4-11}$$

其中，S_a 和 S_b 分别表示类 A 和类 B 中所有样本的离均差平方和。

4.2.2 相似系数

相似系数用于判定变量之间的相似程度，常用的相似系数有夹角余弦和相关系数，下面分别介绍这两种相似系数。

1）夹角余弦

两个指标之间的夹角余弦用 $\cos\theta_{ij}$ 来表示，计算公式为

$$\cos\theta_{ij}=\frac{\sum_{k=1}^{n}x_{ki}x_{kj}}{\sqrt{\left(\sum_{k=1}^{n}x_{ki}^2\right)\left(\sum_{k=1}^{n}x_{kj}^2\right)}} \tag{4-12}$$

其中，x_{ki} 和 x_{kj} 分别表示第 k 个样本在第 i、j 指标下的取值。当两个指标向量趋向于平行时，即夹角趋近于 0 度时，这两个指标之间的相关性越高；当这两个指标向量趋向于垂直时，即夹角趋近于 90 度时，这两个指标之间的相关性越低。

2）相关系数

相关系数是统计学中常使用的一个统计量，用来描述两个变量之间的简单相关关系。在聚类分析中，相关系数可以描述两个指标之间的相似程度。相关系数的计算公式如下：

$$r_{ij}=\frac{\sum_{a=1}^{p}(x_{ia}-\overline{x_i})(x_{ja}-\overline{x_j})}{\sqrt{\sum_{a=1}^{p}(x_{ia}-\overline{x_i})^2}\sqrt{\sum_{a=1}^{p}(x_{ja}-\overline{x_j})^2}},-1\leqslant r_{ij}\leqslant 1 \tag{4-13}$$

相关系数是一个无量纲统计量，在指标的聚类分析中，相关系数的取值范围是[−1, 1]。相关系数的绝对值越接近于 0，说明变量间的相关程度越弱；相关系数的数值越接近于+1，说明变量间的正相关程度越强；相关系数的数值越接近于−1，说明变量间的负相关程度越强。

4.3 K 均值聚类

4.3.1 K 均值聚类的基本思想

K 均值聚类法，也称快速聚类法，由麦克奎恩（MacQueen）于 1967 年提出，是目前聚类方法中较为经典的算法之一。由于 K 均值聚类算法的效率高，因此在对大规模数据进行聚类分析时被广泛应用。目前，许多聚类算法都围绕着该算法进行扩展和改进。

K 均值聚类法作为一种快速划分类别的方法，其基本思想是给定 n 个数据对象的数据集，构建 k 个划分聚类的方法，每个划分聚类即为一个簇。该方法将数据划分为 n 个簇，每个簇至少有一个数据对象，每个数据对象必须属于而且只能属于一个簇。同时要满足同一簇中具有较高的相似度，不同簇间的相似度较低。

4.3.2 K 均值聚类的步骤

K 均值聚类法的步骤如下。

（1）第一步，根据实际问题确定聚类的簇数 N。

（2）第二步，将所有的样品依据一定的原则分为 N 个类别，每一个类别都存在一个中心。

（3）第三步，修改每一类别中的结果，并计算每一个样品到这 N 个中心的距离，将每一个样品归到距离它最近的那个类别当中。

（4）第四步，划分完成后会生成 N 个新的类别，此时再计算新类别的中心。再重复第三步，直至聚类完成。

在 K 均值聚类法中，最后的聚类结果在一定程度上会受到初始分类的影响，因此，可以多次选择初始分类情况，验证分析的结果。

下面，我们使用一个简单的例子来介绍 K 均值聚类法的计算原理。我们引入五个样品，分别为 $G_1=\{1\},G_2=\{3\},G_3=\{7\},G_4=\{10\},G_5=\{11\}$。这里对于距离的测量标准，我们选取欧氏距离，因为每个类别中仅存在一个样品，类与类之间的欧氏距离与绝对距离相等。对于更加复杂的情况，类别之间距离标准的划分和距离测量的尺度在前面章节中已经介绍，可以根据研究的需要进行选择。下面对这五个类别按照 K 均值聚类法的步骤进行分析。

（1）初始情况下我们将这五个样品划分为两个类别：G_M 类包含 G_1、G_3、G_4，G_N 类包含 G_2、G_5。也就是将{1, 7, 10}归为一类，{3, 11}归为一类。然后计算这两类的均值：

$$G_M \text{ 的均值为 } (1+7+10)/3=6$$

$$G_N \text{ 的均值为 } (3+11)/2=7$$

（2）计算每个样品到这两个类的均值的欧氏距离，从 G_1 开始：

$$d_{G_1G_M}=[(1-6)^2]^{1/2}=5$$

$$d_{G_1G_N}=[(1-7)^2]^{1/2}=6$$

由于 G_1 到 G_M 的距离小于 G_1 到 G_N 的距离，则将 G_1 归类于 G_M 是正确的分类。接着计算 G_3：

$$d_{G_3G_M}=[(7-6)^2]^{1/2}=1$$

$$d_{G_3G_N}=[(7-7)^2]^{1/2}=0$$

G_3 到 G_N 的距离小于 G_3 到 G_M 的距离，则将 G_3 归类于 G_N 是正确的分类。重新计算更新后的类 G'_M 和类 G'_N 的均值。

$$G'_M \text{ 的均值为 } (1+10)/2=5.5$$

$$G'_N \text{ 的均值为 } (3+7+11)/3=7$$

（3）计算 G_4 到 G'_M 和 G'_N 的距离。

$$d_{G_4G'_M}=[(10-5.5)^2]^{1/2}=4.5$$

$$d_{G_4G'_N}=[(10-7)^2]^{1/2}=3$$

由于 G_4 到 G'_N 的距离小于 G_4 到 G'_M 的距离，则将 G_4 归类于 G'_N 是正确的分类。重新计算更新后的类 G''_M 和类 G''_N 的均值。

$$G''_M \text{ 的均值为 } 1/1=1$$

$$G''_N \text{ 的均值为 } (3+7+10+11)/4=7.75$$

（4）计算 G_2 到 G''_M 和 G''_N 的距离。

$$d_{G_2G''_M}=[(3-1)^2]^{1/2}=2$$

$$d_{G_2G''_N}=[(3-7.75)^2]^{1/2}=4.75$$

由于 G_2 到 G''_M 的距离小于 G_2 到 G''_N 的距离，则将 G_2 归类于 G''_M 是正确的分类。重新计算更新后的类 G'''_M 和类 G'''_N 的均值。

$$G'''_M \text{ 的均值为 } (1+3)/2=2$$

$$G'''_N \text{ 的均值为 } (7+10+11)/3=\frac{28}{3}$$

（5）计算 G_5 到 G'''_M 和 G'''_N 的距离。

$$d_{G_5G'''_M}=[(11-2)^2]^{1/2}=9$$

$$d_{G_5G'''_N}=[(11-28/3)^2]^{1/2}=\frac{5}{3}$$

由于 G_5 到 G'''_N 的距离小于 G_5 到 G'''_M 的距离，则将 G_5 归类于 G'''_N 是正确的分类。至此，分类过程结束，我们得到的聚类结果如表 4-1 所示。

表 4-1 聚类结果表

聚类前		聚类后	
类别	元素	类别	元素
G_M	{1,7,10}	G_M'''	{1,3}
G_N	{3,11}	G_N'''	{7,10,11}

4.3.3 K 均值聚类中类数的确定

在 K 均值聚类中，必须要指定类的个数，否则就无法进行。在研究现实问题时，一个良好的聚类要求是：首先能够根据明显的特征区分各类，而各类内部的样品之间又很相似；其次要能使各类中的样品数量没有很大差异，以便我们进一步研究；最后要符合现实中的经济意义，具有研究的价值。通常情况下，有两种方法可以帮助我们确定分类数。

（1）根据样品的散点图判断分类个数。从散点图中观察各个样品之间的距离大小，从而判断聚类个数。这种方法方便快捷，适用于样品数量不是很大的情形。但是由于具有主观性，可能会产生误差。

（2）根据聚类碎石图来判断分类的个数。碎石图的横坐标为所分类别的个数，纵坐标为聚合系数。判断的方法是选取聚合系数迅速下降与缓慢下降的交叉点对应的分类数，如图 4-1 所示，在分类数为 3 时，聚合系数下降速度明显变缓，出现拐点，因此可以将样品分为 3 类或 4 类。这种方法具有客观依据，能够使分类结果更加精确。

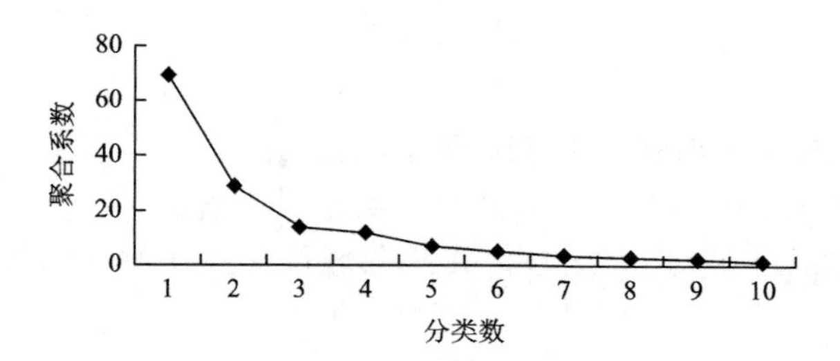

图 4-1 聚类分析碎石图

4.3.4 K 均值聚类的优缺点

K 均值聚类作为一种经典的算法，具有简单高效、易于理解和操作、算法的复杂度低等优点，但其也存在许多不足的地方。

（1）K 均值聚类算法的结果较为粗糙。

（2）需要事先人为设定簇的个数，k 值的选择往往需要根据实际情况而定。

（3）对噪声和异常数据较为敏感。若存在某个非常大的异常值，则会严重影响聚类的结果。

（4）不能解决非凸形状的数据分布聚类问题。

4.4 密度聚类

4.4.1 密度聚类的基本思想

密度聚类是基于密度的聚类算法，假设聚类结构能够通过样本分布的紧密程度确定，以数据集在空间分布上的稠密程度为依据进行聚类，即只要一个区域中的样本密度大于某个阈值，就把它划入与之相近的簇中。

密度聚类从样本密度的角度考察样本之间的可连接性，并由可连接样本不断扩展，直到获得最终的聚类结果。这类算法可以克服 K 均值聚类中只适用于凸样本集的情况。

密度聚类的基本思想在于通过计算样本点的密度大小来形成一个簇或类别，样本点密度越大，越容易形成一个类，从而实现聚类过程。密度聚类算法可以克服基于距离的聚类算法只能发现凸型集合的缺点，其可根据密度的分布发现任意形状的聚类，且对噪声数据不敏感。但密度聚类算法需要计算每个样本点附带的样本密度，因此具有较大的计算量和较高的计算难度。

4.4.2 DBSCAN 聚类算法

DBSCAN 聚类算法，是一个比较具有代表性的基于密度的聚类算法。它基于一组邻域参数 $(\varepsilon,\text{MinPts})$ 来描述样本分布的紧密程度，相比于基于划分的聚类方法和层次聚类方法，DBSCAN 算法将簇定义为密度相连的样本的最大集合，能够将密度足够高的区域划分为簇，不需要给定簇的数量，并可在有噪声的空间数据集中发现任意形状的簇。

1. 基本概念

下面我们将详细介绍 DBSCAN 算法的基本概念。

对于给定的数据集 $D=\{x^{(1)},x^{(2)},\cdots,x^{(m)}\}$，给定以下概念。

（1）ε-邻域（Eps）：对于 $x^{(j)}\in D$，其 ε-邻域包含 D 中与 $x^{(j)}$ 的距离不大于 ε 的所有样本，即

$$N_{\sigma}(x^{(j)})=\{x^{(i)}\in D\,|\,\text{dist}(x^{(i)},x^{(j)})\leqslant\varepsilon\} \tag{4-14}$$

（2）MinPts：ε-邻域内样本个数的最小值。

图 4-2 展示了 DBSCAN 定义的 MinPts。

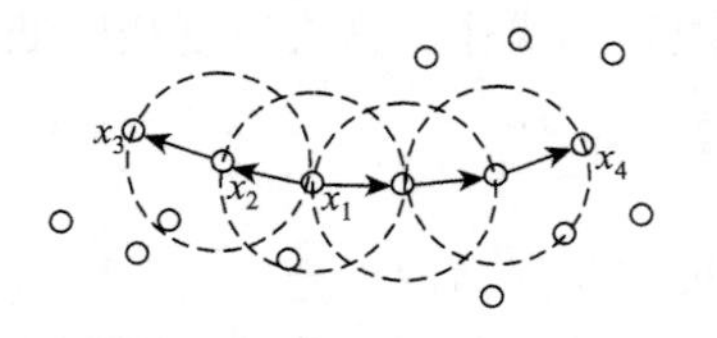

图 4-2　DBSCAN 定义的 MinPts

图 4-2 中虚线显示出 ε-邻域，x_1 是核心对象，x_2 由 x_1 密度直达，x_3 由 x_1 密度可达，x_3 与 x_4 密度相连。

（3）核心对象：若 $x^{(j)}$ 的 ε-邻域至少包含 MinPts 个样本，即 $|N_{\varepsilon}(x^{(j)})|\geqslant\text{MinPts}$，则 $x^{(j)}$ 为一个核心对象。

（4）密度直达（directly density-reachable）：若 $x^{(j)}$ 位于 $x^{(i)}$ 的 ε-邻域中，且 $x^{(i)}$ 是核心对象，则称 $x^{(j)}$ 由 $x^{(i)}$ 密度直达。密度直达关系通常不满足对称性，除非 $x^{(j)}$ 也是核心对象。

（5）密度可达（density-reachable）：对于$x^{(i)}$与$x^{(j)}$，若存在样本序列$p_1,p_2,\cdots,p_n$，其中$p_1=x^{(i)}$，$p_n=x^{(j)}$，$p_1,p_2,\cdots,p_{n-1}$均为核心对象且p_{i+1}从p_i密度直达，则称$x^{(j)}$由$x^{(i)}$密度可达。密度可达关系满足直递性，但不满足对称性。

（6）密度相连（density-connected）：对于$x^{(i)}$与$x^{(j)}$，若存在$x^{(k)}$使得$x^{(i)}$与$x^{(j)}$均由$x^{(k)}$密度可达，则称$x^{(i)}$与$x^{(j)}$密度相连。密度相连关系满足对称性。

（7）基于密度的簇：由密度可达关系导出最大的密度相连样本集合C，簇C满足以下两个性质。①连接性（connectivity）：$x^{(i)}\in C,x^{(j)}\in C\rightarrow x^{(i)}与x^{(j)}密度相连$。②最大性（maximality）：$x^{(i)}\in C,x^{(j)}由x^{(i)}密度可达\rightarrow x^{(j)}\in C$。

上述介绍中，我们通过ε-邻域和MinPts的介绍已经明确了密度的概念，即Eps邻域内对象的数量。DBSCAN中以Eps、MinPts两个参数确定一个密度阈值，密度大于MinPts的对象即视为高密度对象，即MinPts的核心点。对数据集进行一次扫描可以确定所有的核心点，所有密度可达的核心点合并为簇，而边界点划归为最近的簇。不是核心点也不是边界点的对象被视为噪声，不属于任何簇。由于密度可达不同于中心距离的概念，因此DBSCAN获得的簇的形状是任意的。

2. 优缺点

在使用DBSCAN算法进行计算时，首先选取数据集中的一个核心对象只作为种子，创建一个簇并找出它所有的核心对象，寻找合并核心对象密度可达的对象，直到所有核心对象均被访问过为止。

DBSCAN对于高、低密度区域存在较为明显分界的数据集具有很好的处理效果，但对于密度差异不明显的数据集，其处理效果不理想。在高、低密度区域没有较为明显的分界的情况下，密度的阈值很难选择。如果选取的阈值稍大，则会导致某些自然簇被合并，甚至整个数据集被聚成一个单一的簇；如果选取的阈值稍小，则可能导致自然簇被分解成多个小簇，且大量对象被标记为噪声。当前解决该问题的一种较好的方法是使用不同的对象邻近度定义，在这里不再详细介绍。

根据DBSCAN算法的原理，其拥有以下优缺点。

1）优点

（1）DBSCAN算法不需要事先给定簇的数目。

（2）DBSCAN算法对于稠密的非凸数据集具有很好的处理效果，可以发现任意形状的簇。

（3）可以在聚类分析时发现噪声点，对数据集中的异常点不敏感。

（4）对样本的输入顺序不作要求。

2）缺点

（1）对高维数据的聚类效果较差。

（2）不适用于数据集中、样本密度差异较小的情况。

（3）调参较为复杂，给定Eps时，选择过大的MinPts会导致核心对象数量减少，使得一些包含对象较少的自然簇被丢弃；给定Eps时，选择过小的MinPts会导致大量对象被标记为核心对象，从而将噪声归入簇；给定MinPts时，选择过小的Eps会导致大量的对象被误标为噪声，一个自然簇被误拆为多个簇；给定MinPts时，选择过大的 Eps 可能会导致很多噪声被归入簇，而本该进行分离的若干自然簇也被合并为一个簇。

（4）对于较大的数据集，算法收敛时间较长。

对于当前较为常用的 DBSCAN 算法，尽管其相较于 K 均值聚类方法，已经较好地解决了对数据集中分散数据的簇的数量选择问题，并对不规则的簇有良好的处理，但在对密度差异不明显的数据集进行计算时，可能会错误地合并或分解自然簇并产生大量噪声。为了克服这个缺点，我们简单介绍另外一种密度聚类分析方法——密度最大值聚类算法。

4.4.3 密度最大值聚类算法

密度最大值聚类算法（maximum density clustering algorithm，MDCA）将基于密度的思想引入聚类分析中，使用密度而不是初始质心作为考察簇的归属情况的依据，能够自动确定簇的数量并划分任意形状的簇。此外，MDCA 一般不对噪声进行保留，因此避免了因阈值选择不当导致的大量数据被丢弃的情况。

MDCA 的基本原理是寻找最高密度的对象和它所在的稠密区域，聚类过程主要分为以下三步。

（1）将数据集划分为基本簇。

（2）使用凝聚层次聚类的思想，合并较近的基本簇，并得到最终的簇划分。

（3）对剩余点进行处理：如果保留噪声点，则对剩余对象进行扫描，将其归入小于等于设定距离阈值的簇，与任何簇的距离均大于阈值的剩余点被视为噪声；如果不保留噪声点，则把每个剩余对象都归入距离最近的簇。

MDCA 具有通用性、数据适应性和无须人工干预的特点，通过优化初始簇中心改善了 K 均值聚类算法对参数的敏感性，并通过分析数据集的统计特性自动适应判断 DBSCAN 的密度阈值。该方法在入侵检测、网络话题识别等应用中，可提高识别系统对数据的适应能力，增强识别系统的自动化水平。

4.5 层次聚类

4.5.1 层次聚类的基本思想

在前面内容的学习中，K 均值聚类算法和密度聚类算法的目的均是把目标样本划分为若干个互斥的族群。相较于前两种方法，层次聚类算法能够将目标样本按照不同层次进行组群的划分，这种算法在初始 K 值和初始聚类中心点的问题上存在优势。

层次聚类，顾名思义就是一层一层地进行聚类的一种方法，可以从下而上地把小的簇进行合并聚集，也可以从上而下地将大的簇进行分割。

层次聚类方法和其他聚类方法类似，首先要计算样本之间的距离，并将距离最近的点合并到同一个类中。然后再计算类与类之间的距离，将距离最近的类合并为一个大类。无论从哪个方向对类别进行划分，都要对不同类别之间的距离进行度量。这里类别之间的度量方法有最小距离法、最大距离法、平均距离法等。这些距离的测算方法在 4.2 节中已经进行了介绍，本节不再赘述。

4.5.2 层次聚类的聚类方法

层次聚类算法根据对层次分解的顺序可以划分为自下向上和自上向下，即凝聚的层次聚类方法和分裂的层次聚类方法。下面对这两种聚类方法的计算原理进行介绍。

凝聚的层次聚类方法使用自底向上的策略。该算法首先令每个对象形成自己的簇，然后迭代地把簇合并成越来越大的簇，直到所有对象都包含在一个簇中或者满足某个终止条件为止。在进行合并的步骤中，该算法根据选定的相似度度量规则找出两个最接近的簇，并对其进行合并，形成一个簇。由于每次迭代合并两个簇，其中每个簇至少包含一个对象，因此，凝聚的层次聚类方法最多进行 n 次迭代。使用该种原理的代表算法是 AGNES（agglomerative nesting）算法。

分裂的层次聚类方法使用自顶向下的策略。该算法首先把所有对象置于一个簇中，然后将簇划分成多个较小的子簇，并且递归地把这些簇划分成更小的簇，直到最底层的簇都足够凝聚（或仅包含一个对象，满足簇内的对象之间都充分相似）。使用该种原理的代表算法是 DIANA（divisive analysis）算法。图 4-3 直观地介绍了两种算法的区别。

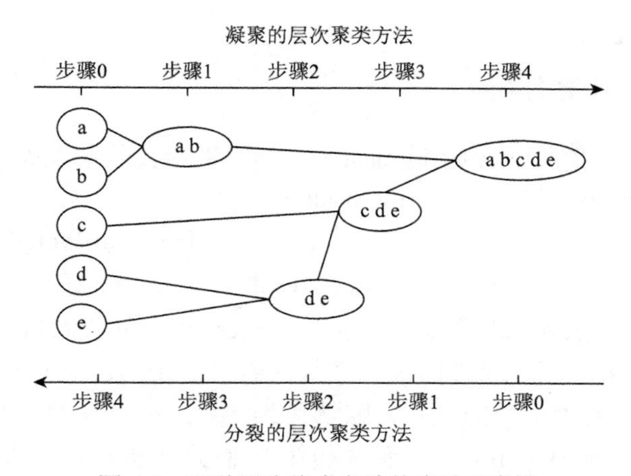

图 4-3 两种层次聚类方法的步骤示意图

4.5.3 层次聚类的优缺点

层次聚类方法作为当前聚类分析中较为常用的一类方法，具有以下优缺点。

1）优点

（1）距离和规则的相似度较容易定义，限制相对较少。

（2）不需要预先设定聚类数量。

（3）可以发现类的层次关系。

（4）可以聚类成较多的形状。

2）缺点

（1）计算复杂度高。

（2）奇异值的存在会对结果产生较大的影响。

（3）该算法在计算过程中很可能聚类成链状。

4.6 基于R语言的聚类分析

4.6.1 R语言数据集的介绍

本节基于R语言进行聚类分析操作，我们选取了R语言软件自带的iris数据集进行聚类操作。该数据集由三种不同类型的鸢尾花构成，其中一种鸢尾花的种类与另外两个种类是线性可分离的。iris数据集共包含150个样本，每个样本给出5个指标属性。

（1）Sepal.Length：花萼长度（单位：cm）。

（2）Sepal.Width：花萼宽度（单位：cm）。

（3）Petal.Length：花瓣长度（单位：cm）。

（4）Petal.Width：花瓣宽度（单位：cm）。

（5）Species：种类，包含Setosa（山鸢尾）、Versicolor（杂色鸢尾）、Virginica（维吉尼亚鸢尾）。

4.6.2 K均值聚类分析

在R语言软件中，我们可以使用kmeans（）函数进行K均值聚类分析，函数格式如下：

```
kmeans（x，centers，iter.max = 10，nstart = 1，
                    + algorithm = c（"Hartigan-Wong"，"Lloyd"，"Forgy"，
                    + "MacQueen"），trace = FALSE）
```

在上述语句中，x表示数值型数据矩阵；centers表示聚类数或初始分类中心，用来设置分类个数；iter.max表示允许的最大迭代次数；nstart表示当centers设置为数值时，该参数用来设置随机初始中心的次数，默认值为1；algorithm为字符型参数，指出相似性度量的统计量，可缺失；trace表示逻辑型或整数型参数，仅在选择默认统计方法（Hartigan-Wong）时使用，为真时显示计算过程中的进展信息，该值越高，产生的信息越多。

这里我们从iris数据集中移除Species属性，然后对数据集iris2调用kmeans（）函数，并将聚类结果保存，设置簇的数量为3。

[R软件程序]

```
>iris2 = iris
>iris2$Species = NULL
>kmeans.result = kmeans(iris2, 3); kmeans.result
```

```
>table(iris$Species, kmeans.result$cluster)
```

[R 软件输出结果]

```
K-means clustering with 3 clusters of sizes 50, 38, 62

Cluster means:
  Sepal.Length  Sepal.Width  Petal.Length  Petal.Width
1     5.006000     3.428000      1.462000     0.246000
2     6.850000     3.073684      5.742105     2.071053
3     5.901613     2.748387      4.393548     1.433871

Clustering vector:
[1] 1 1 1 1 1 1 1 1 1 1 1 1 1 1 1 1 1 1 1 1 1 1 1 1 1 1 1 1 1 1 1 1 1 1 1 1
[37] 1 1 1 1 1 1 1 1 1 1 1 1 1 1 3 3 2 3 3 3 3 3 3 3 3 3 3 3 3 3 3 3 3 3
[73] 3 3 3 3 3 2 3 3 3 3 3 3 3 3 3 3 3 3 3 3 3 3 3 3 3 3 3 3 2 3 2 2 2 2 3 2
[109] 2 2 2 2 2 3 3 2 2 2 2 3 2 3 2 3 2 2 3 3 2 2 2 2 2 3 2 2 2 2 3 2 2 2 3 2
[145] 2 2 3 2 2 3

Within cluster sum of squares by cluster:
[1] 15.15100  23.87947  39.82097
 (between_SS/total_SS = 88.4%)

Available components:

[1] "cluster"      "centers"      "totss"      "withinss"   "tot.withinss"
[6] "betweenss"    "size"         "iter"       "ifault"
```

从上述输出结果中可以看到，运行 kmeans（）函数时返回的对象主要包括：cluster 是一个整数向量，用于表示记录所属的聚类；centers 是一个矩阵，表示每个聚类中各个变量的中心点；totss 表示所生成聚类的总体距离平方和；withinss 表示各个聚类组内的距离平方和；tot.withinss 表示聚类组内的距离平方和总量；betweenss 表示聚类组间的聚类平方和总量；size 表示每个聚类组中成员的数量。下面，我们将 K 均值聚类的所有簇和簇中心进行绘制，见图 4-4。这里需要注意，由于初始簇的中心选择是随机的，因此，多次运行得到的 K 均值聚类结果可能不同。

[R 软件程序]

```
>plot(iris2[c("Sepal.Length", "Sepal.Width")], pch = kmeans.result$cluster)
>points(kmeans.result$centers[, c("Sepal.Length", "Sepal.Width")], col =, pch = 16, cex = 1.5)
```

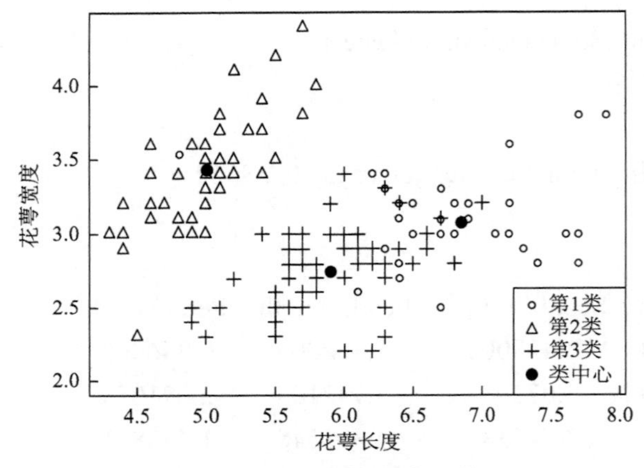

图 4-4 K 均值聚类结果图

4.6.3 密度聚类分析

根据 4.4 节的介绍，密度聚类最常用的一种方法为 DBSCAN 算法，其基本思想为将密度相连的对象划分到同一簇中。在 R 语言软件中，DBSCAN 算法存在于 fpc 包中，其算法的实现通过 dbscan（）函数实现，其函数结构如下：

dbscan（x，eps，MinPts）

其中，x 表示数值型数据矩阵；eps 表示可达距离，用于定义邻域的大小；MinPts 表示最小数目的对象点。如果点 α 邻域内包含的点数目不少于 MinPts，则 α 为密集点，而 α 邻域内所有点从 α 出发都是密度可达的，将这些点与 α 划分在同一个簇中。

下面依旧使用 iris 数据集，进行密度聚类分析，聚类结果如图 4-5 所示。

[R 软件程序]

```
>install.packages("fpc")
>library(fpc)
>iris2 = iris[-5]
>ds = dbscan(iris2, eps = 0.42, MinPts = 5); ds
```

[R 软件输出结果]

```
dbscan Pts = 150 MinPts = 5 eps = 0.42
         0   1   2   3
border  29   6  10  12
seed     0  42  27  24
total   29  48  37  36
>table(ds$cluster, iris$Species)
     Setosa    Versicolor    Virginica
  0      2         10           17
  1     48          0            0
  2      0         37            0
  3      0          3           33
```

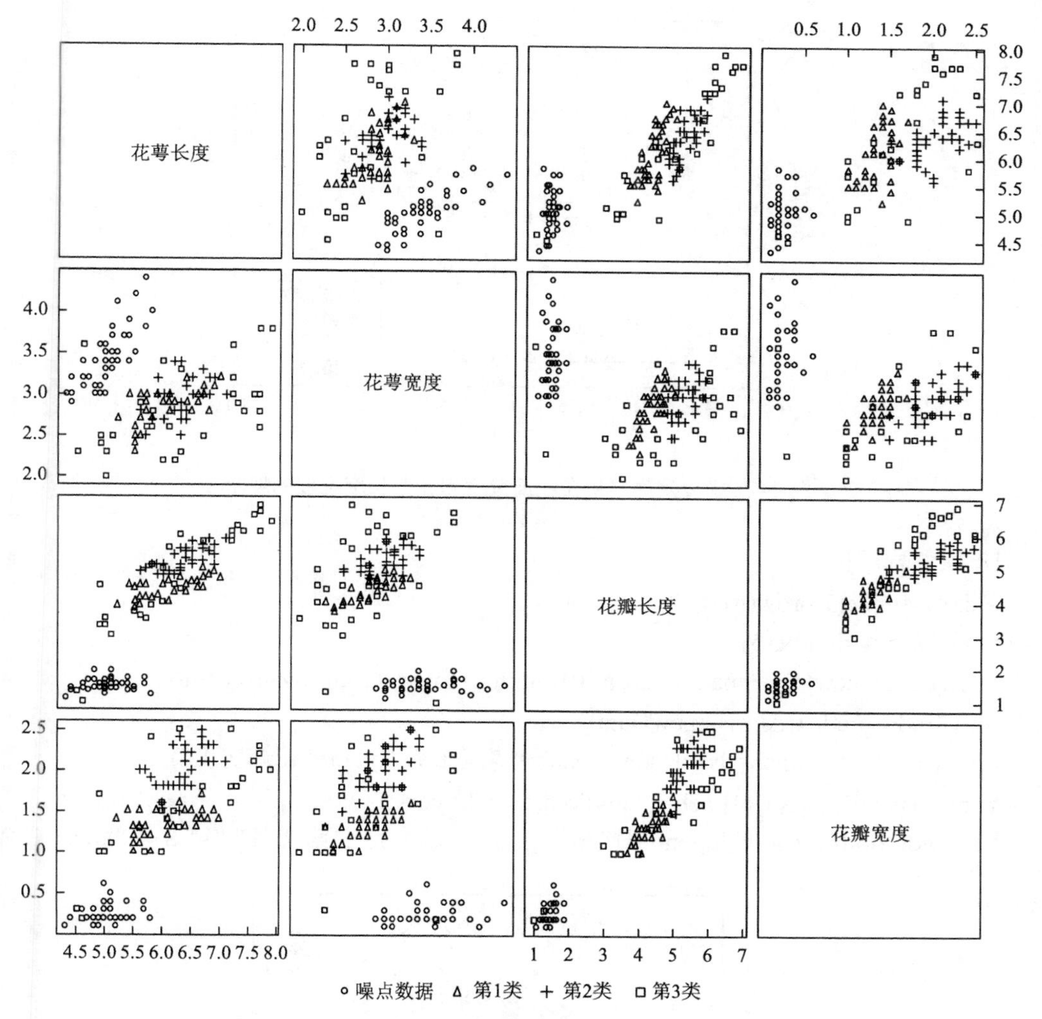

图 4-5 基于密度的聚类结果

在上述输出结果中，将得到的聚类结果与原始数据进行对比，第一列从“1”到“3”为识别出来的 3 个聚类簇，“0”表示噪声数据或者离群点，即不属于任何簇的对象。

```
>plot（iris2，pch = ds$cluster，cex = 1，lab = c（"花萼长度"，"花萼宽度"，"花瓣长度"，
                                "花瓣宽度"））
>plot（iris2[c（1，4）]，pch = ds$cluster，xlab = "花萼长度"，ylab = "花瓣宽度"）
                    #显示花萼长度和花瓣宽度两个维度上的聚类结果
```

聚类结果如图 4-6 所示。

下面从 iris 数据集中抽取一个包含了 10 个对象的样本，利用 runif（）函数基于均匀分布随机生成的噪声数据，并向样本中加入该数据用于测试聚类结果标记新数据集的效果，聚类结果如图 4-7 中大图标所示。

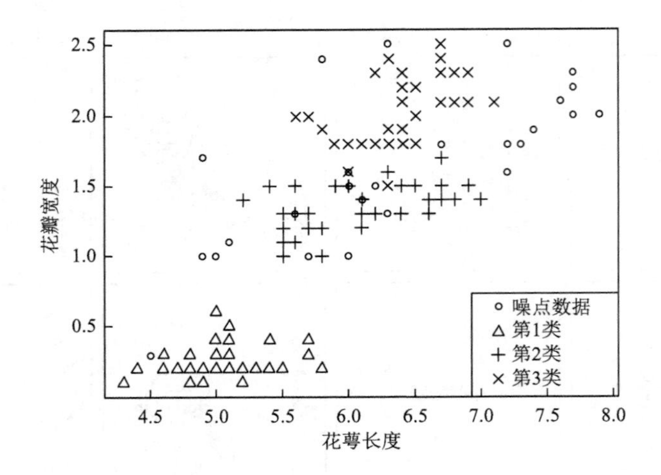

图 4-6 密度聚类结果在花瓣宽度和花萼长度维度的展示

[R 软件程序]

```
>idx<-sample(1:nrow(iris),10)
>newData<-iris[idx,-5]
>newData<-newData+matrix(runif(10*4,min=0,max=0.2),nrow=10,ncol=4)
>myPred<-predict(ds,iris2,newData)
>plot(iris2[c(1,4)],pch=ds$cluster+1,xlab="花萼长度",ylab="花瓣宽度")
>points(newData[c(1,4)],pch=1+myPred,cex=3,lwd=2)
>legend("bottomright",legend=c("噪点数据","第 1 类","第 2 类","第 3 类"),pch=1:4)
```

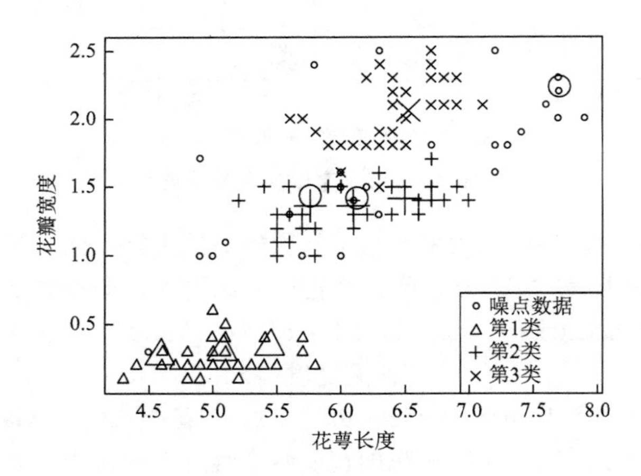

图 4-7 对新数据的聚类分析结果

小图标为建模数据集的类别预测结果，大图标为新数据的类别预测结果

4.6.4 层次聚类分析

在 R 语言软件中，我们可以使用 hclust（）函数进行层次聚类分析，该函数常用于大样本数据的聚类分析，其聚类原则是使得类间距离最小。函数格式如下：

hclust（d，method = "complete"，"members = NULL"）

在上述语句中，d 表示计算距离产生的不同的数据结构；method 表示所采用的聚类方法，包括 ward、single、complete、average、mcquitty、median 或 centroid 等不同的方法；members 参数的设置决定 d 输出的距离结构是个体间的还是簇间的，其默认值为“NULL”，表示 d 给出的是个体间的距离；若将 members 设定为一个数值向量，则 d 给出的是簇间的距离，向量中的数值指定了每个簇的观察数。通常 members 使用默认设定。

绘制聚类的树状图函数如下所示：

plot（x，labels = NULL，hang = 0.1，
axes = TRUE，frame.plot = FALSE，ann = TRUE，
main = "Cluster Dendrogram"，
sub = NULL，xlab = NULL，ylab = "Height"，…）

其中，x 表示由 hclust( ) 函数生成的对象；hang 表示指定标签在图形中所处的高度；labels 表示指定树状图的标识符的字符向量，默认情况下为原始数据的行名或行号，如果为 FALSE 则在图形中无标签。

在进行层次聚类分析的过程中，我们依然使用 iris 数据集，为了避免绘制图像时过于拥挤，从该数据集中抽取 50 条记录并形成一个样本，同时删除 Species 属性，在选取样本的基础上进行层次聚类，聚类结果如图 4-8 所示。

[R 软件程序]

```
>idx<-sample(1:dim(iris)[1], 50)
>irisSample<-iris[idx,]
>irisSample$Species<-NULL
>hc<-hclust(dist(irisSample), method = "ave")
>plot(hc,hang = -1, labels = iris$Species[idx], main = "", xlab = "", ylab = "", cex = 1)
>legend(0.1,5,legend = c("Setosa: 山鸢尾", "Versicolor:杂色鸢尾", "Virginica: 维吉尼亚鸢尾"), bty = "n", ncol = 1, xpd = T, xjust = 0, yjust = 1)
>groups<-cutree(hc, k = 3); groups          #分成三类
  3  94  147  109  49  66  31  144  146  128  110  29  51 1  107  142  11  59  26
  1   2   3    3   1   3   1   3    3    3    3    1   3  1   3    3    1   3   1
 13  119  123  50  22  108  143  130  44  21   6  93  140  124  52  135  32  111  114
  1   3    3    1   1   3    3    3    1   1    1   3   3    3    3   3    1   3    3
126   2   5  39  16  99  61  25  56  74  91  117
  3   1   1   1   1   2   2   1   3   3   3   3
```

对比 hclust（）函数和 kmeans（）函数，后者可以得到聚类后的类内指标的均值，从而便于找出类间的区别或每一类的特性。

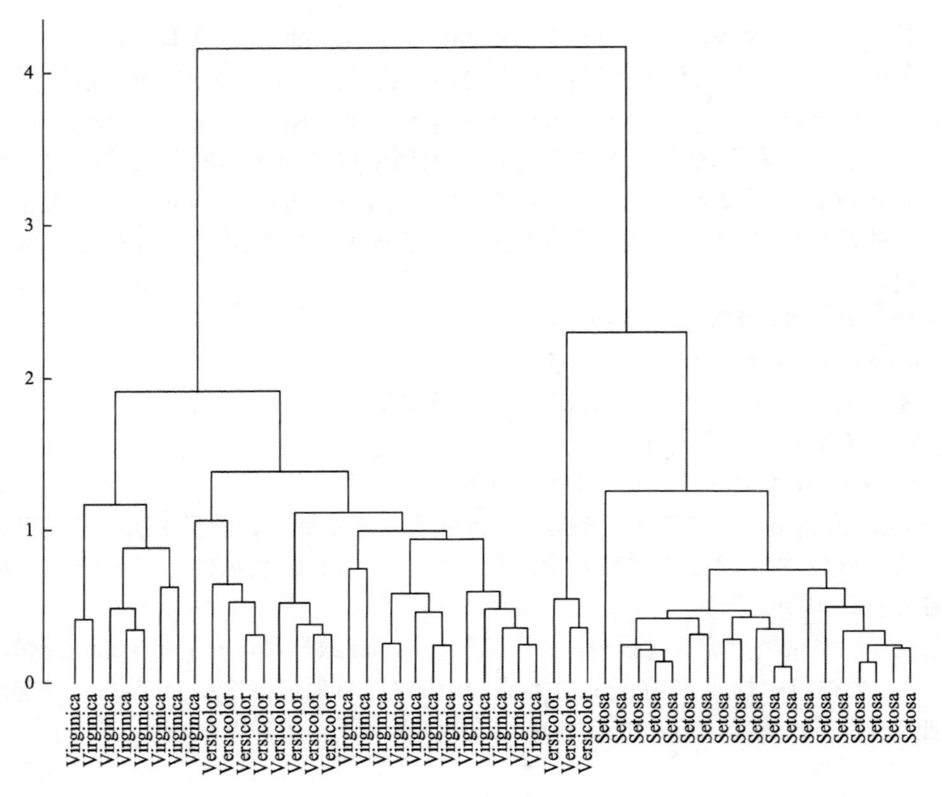

图 4-8　层次聚类的树状图

4.7　小　　结

聚类分析是一种将样本（或指标）按其特有的性质进行分类的统计分析方法。在进行统计分析的过程中，主要包括两个重要的过程：一是寻找恰当的统计量来度量事物之间的相似度；二是根据样本数据确定合适的聚类分析方法。

聚类分析中，用来衡量样本个体之间相似程度的统计量和衡量指标之间相似程度的统计量是不同的，样本之间相似度的度量采用距离系数，本章介绍了明氏距离（包括绝对距离、欧氏距离和切比雪夫距离）、马氏距离、兰氏距离和类间距离的度量规则。指标之间相似度的度量采用相似系数，本章介绍了夹角余弦和相关系数的计算方法。

聚类分析的方法也有很多，本章主要介绍了三种常用的聚类算法：K 均值聚类、密度聚类（DBSCAN 算法和 MDCA）、层次聚类（凝聚和分裂的层次聚类方法），并通过 R 语言实例介绍了三种方法的计算，分别使用 kmeans（）函数、dbscan（）函数和 hclust（）函数。在学习的过程中，应当掌握这些 R 语言函数的格式和应用环境，并学会灵活运用。

思考题与练习题

1. 判断题

（1）聚类分析的基本原则是使类间的差异大，类内的差异小。（　　）

（2）聚类分析中对样本的聚类分析称作 R 型聚类分析。（　　）

（3）K 均值聚类算法无须手动设定簇的个数。（　　）

（4）密度聚类中的 DBSCAN 算法可以发现任意形状的簇。（　　）

2. 选择题

（1）将一个班中的同学按照家与学校之间距离的远近来进行聚类，则应该选用（　　）。

A. 欧氏距离　　B. 绝对距离　　C. 马氏距离　　D. 兰氏距离

（2）下列不是度量相似性的是（　　）。

A. 马氏距离　　B. 相似系数　　C. 夹角余弦　　D. 离散程度

（3）下列基于密度聚类思想的聚类算法是（　　）。

A. K 均值聚类法　　B. DBSCAN 算法

C. AGNES 算法　　D. CHAMELEON 算法

（4）下面算法中，异常值的存在对其影响最小的是（　　）。

A. K 均值聚类法　　B. DBSCAN 算法

C. AGNES 算法　　D. CHAMELEON 算法

3. 简答题

（1）简述聚类分析的基本思想。

（2）在聚类分析中所用到的相似性度量有哪些？

（3）简述 K 均值聚类的步骤。

（4）简述层次聚类的优缺点。

（5）简述 DBSCAN 算法的计算原理。

4. 操作实验

自己寻找合适的数据，在 R 语言软件中分别使用 kmeans（）函数、hclust（）函数和 dbscan（）函数进行操作。

第5章　决策树及组合算法

【学习目标】理解决策树分类预测的基本原理、决策树的生长和剪枝以及常用的算法。了解组合预测袋装算法和随机森林算法的核心思想及原理。掌握 R 语言的决策树、组合预测建模的函数和应用，以及对实验结果的解读，能够正确运用决策树和组合预测方法实现数据的分类预测。

5.1　决策树简介

决策树（decision tree）是一种机器学习的方法，可以用于解决分类问题、回归问题。其一般是自上而下生成的，每个决策或者事件都可以引出两个或多个事件，从而导致不同的结果，把这种决策分枝画成图形，因该图形与一棵树的枝干十分相似，故称之为决策树。决策树学习的目标是根据给定的训练数据集构建一个决策树模型，使它能够根据特征对实例进行分类或回归。

5.1.1　决策树相关的概念

为了构建决策树模型，需要先学习以下基本知识。

（1）根节点（root node）：它代表了整个样本集合，并且该节点可以进一步拆分成两个或多个子集（并进一步分成两个或更多的同类集合）。

（2）叶节点（leaf/terminal node）：无法再进行拆分的节点称为叶节点。

（3）中间节点：位于根节点下方且还有下层的节点称为中间节点。中间节点可以分布在多个层之中。

（4）父节点和子节点（parent and child node）：若一个节点被拆分成多个子节点，则这个节点被称为父节点，其拆分后的节点称为子节点。

（5）二叉树和多叉树：若决策树中每个节点最多只生长两个分枝，可以理解为父节点只能有两个子节点，则称此决策树为二叉树。若决策树生长大于两个分枝，可以理解为父节点有两个以上的子节点，则称此决策树为多叉树。

（6）分枝/子树（branch/sub-tree）：一棵决策树的一部分则称为分枝或子树。

（7）拆分（splitting）：表示将一个节点拆分成多个子集的过程。

（8）剪枝（pruning）：移除决策树中子节点的过程称为剪枝，与拆分过程相反。

图 5-1 为决策树示意图，此图为一个二叉树。圆点代表根节点和中间节点，方框代表叶节点。

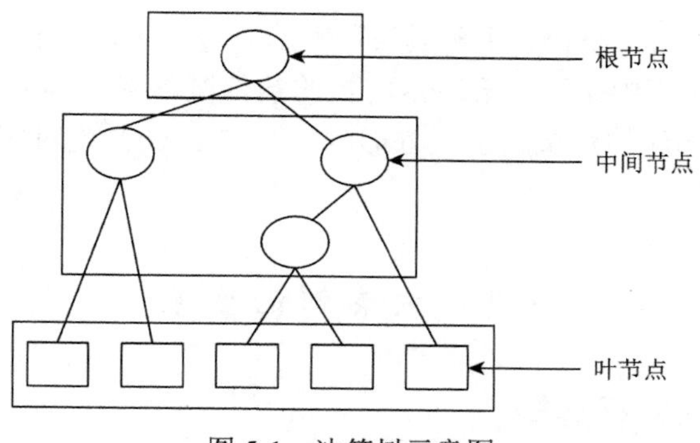

图 5-1 决策树示意图

5.1.2 分类树与回归树

根据目标变量的类型，决策树可以分为分类树与回归树两类。

（1）分类树（分类变量决策树）：当决策树的目标变量是类别时（输出的是样本的类别），它就是分类（离散）变量决策树。比如鸢尾花数据，根据颜色、长度来判断所属类型，也就是说，目标变量鸢尾花所属类型是离散型数据，即为分类树。

（2）回归树（连续变量决策树）：当决策树的目标变量是一系列的连续的变量时（输出结果为一个实数），它就是连续变量决策树。比如根据儿童的年龄、性别等变量来预测儿童身高，也就是说，目标变量儿童身高是连续型数据，即为回归树。

5.1.3 决策树与条件概率分布

决策树可以理解为在给定条件下各类的条件概率分布。决策树的每个分枝在一定的特征条件下将特征空间划分为互不相交的区域（region），决策树所表示的条件概率分布是由各个区域给定条件下各个类的条件概率分布组成的。简单来说就是决策树的一条路径对应着划分中的一个区域，每个区域所定义的概率分布就组成一个条件概率分布。假设 X 为表示特征的随机变量，Y 为表示类的随机变量，那么这个条件概率分布即为 $P(Y|X)$。

图 5-2（a）所示为特征空间的一个划分，图中大的正方形表示特征空间。特征空间被分割为若干个小长方形，一个小长方形即为一个单元。特征空间划分中的一个单元构成了

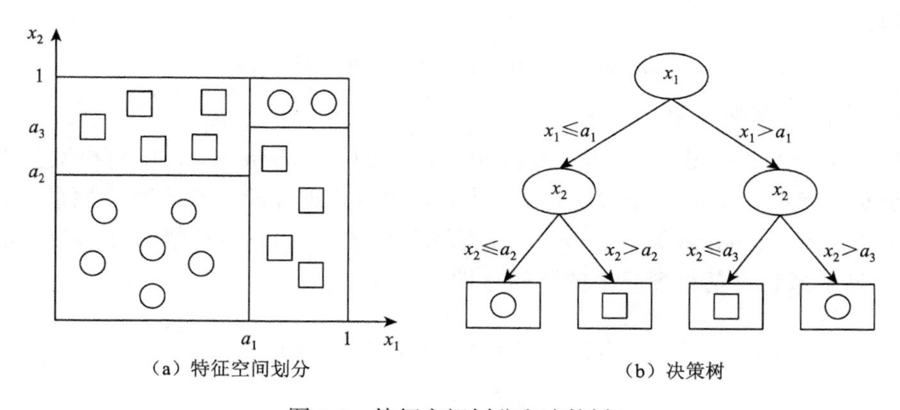

（a）特征空间划分　　（b）决策树

图 5-2 特征空间划分和决策树

一个集合，集合中的图形（小正方形和圆形）表示具体的类，由单元中各个类的条件概率分布决定。例如，单元b中由正方形表示的类的条件概率满足$P(Y=\text{正方形}\,|\,X=b)>0.5$时，则认为落在这个单元的对象属于正方形类。图 5-2（b）为对应于图 5-2（a）中条件概率分布的决策树。

5.2 决策树的生长

5.2.1 决策树的特征选择

特征选择就是选择最优划分属性，从当前数据的特征中选择其中一个特征作为当前节点的划分标准。随着划分过程不断进行，决策树的分枝节点所包含的样本尽可能属于同一类，即节点的“纯度”越来越高。而选择不同的最优划分特征会导致决策树算法的不同。为了可以选择最优的划分特征，需要学习以下信息论的知识。

1. 信息熵

（1）熵（entropy）是随机变量不确定性的度量，设X为一个离散型随机变量，其取值是有限的，X的概率分布为

$$P(X=x_i)=p_i,\ i=1,2,\cdots,n \tag{5-1}$$

则随机变量X的熵定义为

$$H(X)=-\sum_{i=1}^{n}p_i\log p_i,\ i=1,2,\cdots,n \tag{5-2}$$

式（5-2）中的对数通常以 2 或者自然对数 e 为底。从式（5-2）中可以看出，熵只依赖于X的概率分布p_i，而与X的取值无关，所以，可以将X的熵$H(X)$记为$H(p)$。而且熵的值越小，X的纯度越高；熵越大，X的纯度越低，随机变量的不确定性越大。为了能够更好地理解熵的意义，下面举一个例子进行具体说明。

当随机变量X只取 1 和 0 两个值时，X的分布为

$$P(X=1)=p,\ P(X=0)=1-p \tag{5-3}$$

则熵为

$$H(p)=-p\log_2 p-(1-p)\log_2(1-p) \tag{5-4}$$

$H(p)$的函数图像如图 5-3 所示。

从图 5-3 中可以看出，当$p=1$或$p=0$时，熵的取值$H(p)=0$，即随机变量不确定性为 0。当$p=0.5$时，熵的取值$H(p)=1$，达到最大值，即随机变量不确定性最大。

（2）条件熵（conditional entropy）：设有随机变量(X,Y)，条件熵$H(Y|X)$表示在已知随机变量X的条件下随机变量Y的不确定性。

$$H(Y|X)=\sum_{i=1}^{n}p_iH(Y|X=x_i) \tag{5-5}$$

其中，$p_i=P(X=x_i),\ i=1,2,\cdots,n$。

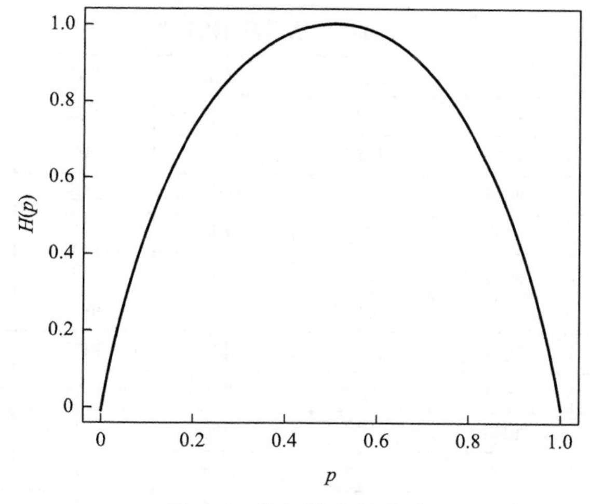

图 5-3　熵与概率的关系

2. 信息增益

特征 A 对训练数据集 D 的信息增益（information gain）$g(D,A)$ 是集合 D 的熵 $H(D)$ 与在给定特征 A 条件下 D 的条件熵 $H(D|A)$ 之差，即

$$g(D,A)=H(D)-H(D|A) \tag{5-6}$$

信息增益表示在给定特征 A 的条件下数据集 D 不确定性减少的程度。信息增益越大，纯度提升就越大。下面是信息增益准则的计算步骤。

首先，计算数据集 D 的熵 $H(D)$：

$$H(D)=-\sum_{k=1}^{K}\frac{|C_k|}{|D|}\log_2\frac{|C_k|}{|D|} \tag{5-7}$$

其次，计算特征 A 对训练数据集 D 的条件熵 $H(D|A)$：

$$H(D|A)=\sum_{i=1}^{n}\frac{|D_i|}{|D|}H(D_i)=-\sum_{i=1}^{n}\frac{|D_i|}{|D|}\sum_{k=1}^{K}\frac{|D_{ik}|}{|D_i|}\log_2\frac{|D_{ik}|}{|D_i|} \tag{5-8}$$

最后，计算信息增益：

$$g(D,A)=H(D)-H(D|A) \tag{5-9}$$

其中，$|D|$ 为训练数据集 D 的样本容量。设有 K 个类 C_k，$k=1,2,\cdots,K$，$|C_k|$ 为属于类 C_k 的样本个数。设特征 A 有 n 个不同取值，根据特征 A 的取值将 D 划分为 n 个子集 $D_1,D_2,\cdots,D_n$，D_{ik} 为子集 D_i 中属于类 C_k 的集合。

例 5-1　表 5-1 是一个由 17 个样本组成的西瓜数据集，数据包括色泽、根蒂、敲声、纹理、脐部、触感等 6 个特征。第 1 个特征是色泽，有 3 个可能值：青绿、乌黑、浅白；第 2 个特征是根蒂，有 3 个可能值：蜷缩、稍蜷、硬挺；第 3 个特征是敲声，有 3 个可能值：浊响、沉闷、清脆；第 4 个特征是纹理，有 3 个可能值：清晰、稍糊、模糊；第 5 个特征是脐部，有 3 个可能值：凹陷、稍凹、平坦；第 6 个特征是触感，有 2 个可能值：硬滑、软黏。表的最后一列是类别——是否为好瓜，有 2 个取值：是、否。根据信息增益准则选取最优划分特征。

表 5-1 西瓜数据集

编号	色泽	根蒂	敲声	纹理	脐部	触感	是否为好瓜
1	青绿	蜷缩	浊响	清晰	凹陷	硬滑	是
2	乌黑	蜷缩	沉闷	清晰	凹陷	硬滑	是
3	乌黑	蜷缩	浊响	清晰	凹陷	硬滑	是
4	青绿	蜷缩	沉闷	清晰	凹陷	硬滑	是
5	浅白	蜷缩	浊响	清晰	凹陷	硬滑	是
6	青绿	稍蜷	浊响	清晰	稍凹	软黏	是
7	乌黑	稍蜷	浊响	稍糊	稍凹	软黏	是
8	乌黑	稍蜷	浊响	清晰	稍凹	硬滑	是
9	乌黑	稍蜷	沉闷	稍糊	稍凹	硬滑	否
10	青绿	硬挺	清脆	清晰	平坦	软黏	否
11	浅白	硬挺	清脆	模糊	平坦	硬滑	否
12	浅白	蜷缩	浊响	模糊	平坦	软黏	否
13	青绿	稍蜷	浊响	稍糊	凹陷	硬滑	否
14	浅白	稍蜷	沉闷	稍糊	凹陷	硬滑	否
15	乌黑	稍蜷	浊响	清晰	稍凹	软黏	否
16	浅白	蜷缩	浊响	模糊	平坦	硬滑	否
17	青绿	蜷缩	沉闷	稍糊	稍凹	硬滑	否

解 首先，计算熵 $H(D)$：

$$H(D)=-\sum_{i=1}^{2}p_i\log p_i=-\left(\frac{8}{17}\log_2\frac{8}{17}+\frac{9}{17}\log_2\frac{9}{17}\right)=0.998$$

其次，计算每一特征对数据集 D 的信息增益，分别以 A_1、A_2、A_3、A_4、A_5、A_6 表示色泽、根蒂、敲声、纹理、脐部、触感等 6 个特征。

色泽 (A_1) 可能取值有青绿、乌黑、浅白，可以划分为三个子集，D_1{色泽 = 青绿}，D_2{色泽 = 乌黑}，D_3{色泽 = 浅白}，则每一个子集的熵为

$$H(D_1)=-\sum_{i=1}^{2}p_i\log p_i=-\left(\frac{3}{6}\log_2\frac{3}{6}+\frac{3}{6}\log_2\frac{3}{6}\right)=1.000$$

$$H(D_2)=-\sum_{i=1}^{2}p_i\log p_i=-\left(\frac{4}{6}\log_2\frac{4}{6}+\frac{2}{6}\log_2\frac{2}{6}\right)=0.918$$

$$H(D_3)=-\sum_{i=1}^{2}p_i\log p_i=-\left(\frac{1}{5}\log_2\frac{1}{5}+\frac{4}{5}\log_2\frac{4}{5}\right)=0.722$$

色泽 (A_1) 的信息增益为

$$\begin{aligned}g(D,A_1)&=H(D)-\sum_{i=1}^{3}\frac{|D_i|}{|D|}H(D_i)\\&=0.998-\left(\frac{6}{17}\times1.000+\frac{6}{17}\times0.918+\frac{5}{17}\times0.722\right)\\&=0.109\end{aligned}$$

同理，计算其他特征的信息增益：

$$g(D,A_2)=0.143\text{；}\quad g(D,A_3)=0.141\text{；}\quad g(D,A_4)=0.381\text{；}$$
$$g(D,A_5)=0.289\text{；}\quad g(D,A_6)=0.006$$

最后，比较各个特征的信息增益结果，由于特征纹理（A_4）的信息增益值最大，因此选择特征纹理（A_4）作为最优划分特征。

3. 信息增益比率

特征 A 对训练数据集 D 的信息增益比率 $g_R(D,A)$ 定义为其信息增益 $g(D,A)$ 与训练数据集 D 关于特征 A 的值的熵 $H_A(D)$ 之比，即

$$g_R(D,A)=\frac{g(D,A)}{H_A(D)} \tag{5-10}$$

其中，

$$H_A(D)=-\sum_{i=1}^{n}\frac{|D_i|}{D}\log_2\frac{|D_i|}{D} \tag{5-11}$$

特征选择在于选取对训练数据具有分类能力的最优特征。通常特征选择的准则是信息增益或信息增益比率。但信息增益的大小是相对于训练数据集而言的，训练数据集的熵较大时，信息增益值也会较大；反之，信息增益值会较小。信息增益比率相对信息增益进行了改善。

4. 基尼系数

基尼系数（Gini index）$\text{Gini}(D)$ 表示训练数据集 D 的不确定性，基尼系数 $\text{Gini}(D,A=a)$ 表示数据集 D 经过 $A=a$ 分割后的不确定性，基尼系数 $\text{Gini}(D)$ 定义为

$$\text{Gini}(p)=\sum_{k=1}^{K}p_k(1-p_k)=1-\sum_{k=1}^{K}p_k^2 \tag{5-12}$$

其中，训练数据集 D 有 K 个类别，p_k 表示从训练数据集 D 中随机抽取一个样本，该样本属于第 k 类的概率。基尼系数可以理解为：随机从数据集 D 中抽取两个样本，这两个样本所属类不一致的概率。基尼系数越小，样本的不确定性越小，数据集 D 的纯度越高。

如果样本集合 D 根据特征 A 是否取某一可能值 a 被分割成 D_1 和 D_2 两部分，即

$$D_1=\{(x,y)\in D\mid A(x)=a\}\text{，}\quad D_2=D-D_1 \tag{5-13}$$

则在特征 A 的条件下，集合 D 的基尼系数 $\text{Gini}(D,A=a)$ 定义为

$$\text{Gini}(D,A=a)=\frac{|D_1|}{|D|}\text{Gini}(D_1)+\frac{|D_2|}{|D|}\text{Gini}(D_2) \tag{5-14}$$

5.2.2　决策树的生长过程

决策树的生长过程就是对所有训练样本不断地进行分类，直到每个样本都被明确地分配完。决策树的算法通常是递归地选择最优特征，并根据该特征对训练数据进行分割，使分割后的子数据集是相对好的分类的过程。

1. 生长过程

（1）从根节点出发，将所有训练样本都放在根节点，选择一个最优特征，按照这一特征将训练样本集分割成子集，使得各个子集有一个在当前条件下最好的分类。

（2）如果节点内所有训练样本属于同一类别，那么该节点即为叶节点；如果训练样本不属于同一类别，那么就再选择新的最优特征，继续进行分割，构建相应的节点。

（3）递归上述划分子集及产生叶节点的过程，这样每一个子集都会产生一个决策（子）树，直到每个子集都被分到叶节点上，即都有了明确的分类，这样就生成了一棵决策树。

2. 生长过程的停止条件

（1）如果一个节点中所有的样本均为同一类别，则产生叶节点。

（2）如果没有特征可以用来对该节点样本进行划分，则也产生叶节点，并将该节点的类别中实例数最多的类作为该节点的类别标记。

（3）如果没有样本能满足剩余特征的取值，则也产生叶节点，并将该节点的类别中实例数最多的类作为该节点的类别标记。

5.2.3 ID3 算法

ID3 算法是最早被提出的决策树算法，该算法是根据 5.2.1 节中介绍的信息增益方法来判断每个节点，选择信息增益最大的特征作为此节点的特征，然后递归地构建决策树。

1. ID3 算法步骤

输入：训练数据集 D，特征集 A，设定的信息增益阈值 ε。

输出：决策树 T。

（1）如果数据集 D 中的所有样本是同一类 C_k，则返回单节点树 T，并将类 C_k 作为该节点的类别标记。

（2）如果特征集 A 是空集，则返回单节点树 T，并将 D 中实例数最多的类 C_k 作为该节点的类别标记。

（3）如果以上情况不存在，则计算特征集 A 中的各个特征对数据集 D 的信息增益，选择信息增益值最大的特征 A_g。

（4）如果特征 A_g 的信息增益小于所设定的阈值 ε，则返回单节点树 T，并将 D 中实例数最多的类 C_k 作为该节点的类别标记。

（5）如果以上情况不存在，则按特征 A_g 的不同取值 a_i，将数据集 D 分成若干非空子集 D_i，将 D_i 中实例数最多的类作为该节点的类别标记，构建子节点。将节点及子节点共同构成决策树 T。

（6）对于所有的子节点，令 $D = D_i$ 为训练数据集，$A = \{A_g\}$ 为特征集递归调用（1）～（5）步，得到子树 T_i，并返回 T_i。

2. ID3 算法的局限

（1）ID3 算法的特征选择采用信息增益作为划分标准，在相同条件下，有时取值较多的特征比取值较少的特征信息增益大。

（2）ID3 算法没有考虑连续特征，如长度、密度等为连续值，无法在 ID3 运用。

（3）ID3 算法没有考虑过拟合的情况，没有进行剪枝。

5.2.4　C4.5 算法

C4.5 算法对 ID3 算法进行了改进，C4.5 算法是根据 5.2.1 节中介绍的信息增益比率的方法来判断每个节点，选择信息增益比率最大的特征作为此节点的特征，然后递归地构建决策树。

C4.5 算法的步骤如下。

输入：训练数据集 D，特征集 A，设定的信息增益比率阈值 ε。

输出：决策树 T。

（1）如果数据集 D 中的所有样本是同一类 C_k，则返回单节点树 T，并将类 C_k 作为该节点的类别标记。

（2）如果特征集 A 是空集，则返回单节点树 T，并将 D 中实例数最多的类 C_k 作为该节点的类别标记。

（3）如果以上情况不存在，则按照式（5-10）计算特征集 A 中的各个特征对数据集 D 的信息增益比率，选择信息增益比率最大的特征 A_g。

（4）如果特征 A_g 的信息增益比率小于所设定的阈值 ε，则返回单节点树 T，并将 D 中实例数最多的类 C_k 作为该节点的类别标记。

（5）如果以上情况不存在，则按特征 A_g 的不同取值 a_i，将数据集 D 分成若干非空子集 D_i，将 D_i 中实例数最多的类作为该节点的类别标记，构建子节点。将节点及子节点共同构成决策树 T。

（6）对于所有的子节点，令 $D=D_i$ 为训练数据集，$A=\{A_g\}$ 为特征集递归调用（1）～（5）步，得到子树 T_i，并返回 T_i。

5.2.5　CART 算法

介绍分类与回归树（classification and regression tree，CART）算法之前，我们要知道 CART 假设决策树是二叉树，内部节点特征的取值为“是”与“否”，左分枝的取值为“是”，右分枝的取值为“否”。CART 算法由决策树的生成和决策树的剪枝两步组成，本节我们只介绍 CART 算法生成决策树。

CART 算法生成决策树是根据 5.2.1 节中介绍的基尼系数的方法来判断每个节点，用基尼系数最小化准则进行特征选择，然后递归地构建决策树。

1. CART 生成算法步骤

输入：训练数据集 D，特征集 A，设定的基尼系数阈值 ε，停止计算的条件。

输出：CART 决策树。

（1）从根节点开始按照式（5-14）计算特征集 A 中各个特征对数据集 D 的基尼系数 $\mathrm{Gini}(D,A)$，选择基尼系数最小的特征 A_g 为最优特征，以及其对应的切分点 a_i 作为最优切分点。

（2）根据最优特征及最优切分点进行分割处理，生成两个子节点，将训练数据集按照特征分配到两个子节点中。

（3）对两个子节点递归地调用（1）～（2）步，直到满足停止条件。

（4）得到 CART 决策树。

2. CART 生成算法停止条件

（1）节点中的样本个数小于预定阈值。

（2）样本集的基尼系数小于预定阈值（一个节点中所有的样本基本属于同一类别）。

（3）没有样本能满足剩余特征的取值。

5.3 决策树的剪枝

决策树的剪枝（pruning）的目的是避免决策树模型过拟合的情况。因为决策树在生长的过程中，为了尽可能使分类正确，需要不断地对节点进行划分，从而使得决策树的分枝过多，也就导致了过拟合的情况，所以我们需要剪掉一些分枝，即对决策树进行剪枝。

5.3.1 事前剪枝

事前剪枝就是在构造决策树的过程中，先对每个节点在划分前进行估计，如果当前节点的划分不能使决策树模型精确度提升，则不对当前节点进行划分，并且将该节点标记为叶节点。事前剪枝主要是限制决策树的充分生长来进行剪枝。

决策树停止生长最简单的方法如下。

（1）事前确定决策树的最大高度，当决策树生长到该高度时，则停止生长。

（2）事前确定样本量的最小值，当节点所含样本量低于所设定的最小值时，则该节点不能进行分枝。

事前剪枝可以有效地阻止决策树的过分生长，降低了决策树模型过拟合的风险。但是需要对参数反复设定，掌握变量的取值分布，避免因参数设定的不合理导致决策树的深度过浅，无法对数据进行精确的预测。

事前剪枝的优缺点如下。

（1）优点：思想简单，算法高效，采用了“贪心”的思想，适合大规模问题。

（2）缺点：提前停止生长，有可能存在欠拟合的情况。

5.3.2 事后剪枝

事后剪枝从另一个角度解决过拟合的问题。事后剪枝允许决策树充分生长，然后根据一定的规则剪掉决策树中代表性差的叶节点或子树，是修剪和检验同时进行的过程。本节事后剪枝技术使用的是最小代价复杂度剪枝法。

1. 最小代价复杂度的测度

通常，决策树的预测低误差往往是以高复杂度为代价的，而简单的决策树又实现不了满意的预测效果。所以，决策树修剪需要权衡复杂度与误差，既要使决策子树复杂度较低，又要保证修剪后的决策子树的预测误差不高于未剪枝的决策树。

一般借助叶节点的个数来衡量决策树的复杂程度(通常叶节点个数与决策树的复杂程度是正比关系)。如果将决策树的预测误差看作代价，以叶节点的个数作为复杂程度的度量，则决策树 T 的代价复杂度 $R_\alpha(T)$ 定义为

$$R_\alpha(T) = R(T) + \alpha\,|T| \tag{5-15}$$

其中，$R(T)$ 表示决策树 T（包含的所有规则）在测试样本集上的预测误差；$|T|$ 表示叶节点数目。α 为 CP 参数[①]，表示每增加一个叶节点所带来的复杂度单位，取值范围为 $[0,\infty)$ 。

CP 参数 α 的意义：当 CP 参数 α 为 0 时，表示不考虑复杂度对 $R_\alpha(T)$ 的影响，基于最小代价复杂度原则，倾向于选择叶节点最多的决策树；当 CP 参数 α 逐渐增大时，复杂度对 $R_\alpha(T)$ 的影响也随之增加；当 CP 参数 α 足够大时，$R(T)$ 对 $R_\alpha(T)$ 的影响可以忽略不计，此时倾向于选择只有一个根节点的决策树。因此，选择恰当的 CP 参数 α ，权衡复杂度和误差，使得 $R_\alpha(T)$ 最小。

2. 事后剪枝过程

决策树事后剪枝过程：首先，不断调整 CP 参数 α ，并依据 α 剪掉子树，得到 k 个备选子树；其次，在 k 个备选子树中选出最优子树。

第一阶段：①令 $\alpha = \alpha_1 = 0$ ，此时的决策树是充分生长的决策树，记为 T_{α_1} ，并计算 T_{α_1} 的代价复杂度。②逐渐增大 CP 参数 α ，当 CP 参数 α 从 α_1 增大至 α_2 时，若 $R_\alpha(t) > R_\alpha(T_t)$ ，则仍不能剪掉子树 T_t ；若 $R_\alpha(t) \leqslant R_\alpha(T_t)$ ，即子树 T_t 的代价复杂度开始大于 t 时，应剪掉子树 T_t ，得到一个“次茂盛”的树，记为 T_{α_2} ，并计算 T_{α_2} 的代价复杂度。③重复上述步骤，直到决策树只剩下一个根节点时停止。此时，$\alpha_1 < \alpha_2 < \alpha_3 < \cdots < \alpha_k$ 。

最终将得到若干个具有包含关系的子树序列 $T_{\alpha_1}, T_{\alpha_2}, T_{\alpha_3}, \cdots, T_{\alpha_k}$ ，它们包含的叶节点数依次减少，T_{α_k} 只包含根节点。同时，$T_{\alpha_1}, T_{\alpha_2}, T_{\alpha_3}, \cdots, T_{\alpha_k}$ 的代价复杂度已知。

第二阶段：在第一阶段得到的 k 个子树中，根据如下最优子树标准，选择一个最优子树作为最终的剪枝结果。

选择最优子树的 T_{opt} 的标准如下：

$$R(T_{\text{opt}}) \leqslant \min_k [R_\alpha(T_k) + m \times \text{SE}(R(T_k))] \tag{5-16}$$

其中，m 表示放大因子；$\text{SE}(R(T_k))$ 表示子树 T_k 在测试样本集上预测误差的标准误，定义为

$$\text{SE}(R(T_k)) = \sqrt{\frac{R(T_k)(1 - R(T_k))}{N'}} \tag{5-17}$$

其中，N' 表示测试样本集的样本量。这个标准意味着对代价复杂度的真值进行估计，估计时需考虑 m 个标准误差。

---

① CP：complexity parameter，即复杂度。

综上，复杂度 CP 参数是剪枝的重要理论依据。通过不断设定 CP 参数的一系列取值，$\alpha_1 < \alpha_2 < \alpha_3 < \cdots < \alpha_k$ 是可以计算出来的。为了提高剪枝效率，CP 的初始值 α_1 可从某个设定的大于零的值开始。需要注意的是，初始值 α 不能太小，否则对提高剪枝效率没有作用；初始值 α 也不能太大，否则起始的决策树 T_{α_1} 可能已经过小。

5.4 基于决策树的组合算法

组合预测中的单个模型称为基础学习器，它们通常有相同的模型形式，如决策树或其他预测模型等。多个预测模型是建立在多个样本集合上的。组合预测模型是提高模型预测精度和稳健性的有效途径，与单个预测模型相比，主要表现有两点不同：首先，基于样本集的数据建立多个预测模型而非单一模型；其次，预测时由多个预测模型提供各自的预测结果，通过类似“投票表决”的形式决定最终的预测结果。常见的算法有袋装技术（Bagging）与随机森林（Random Forest）等。

5.4.1 袋装技术

Bagging 是 Bootstrap aggregating 的缩写。也就是说，Bagging 的核心是 Bootstrap。决策树对训练样本的预测精度较高，但是得到的预测结果方差较大，稳健性较差，即用两个子样本分别拟合决策树模型，得到的结果很可能不同，预测值会因样本的变化而产生较大波动。而袋装技术就是为了提高决策树模型的准确率，降低模型的方差。

1. Bagging 算法原理

Bagging 采用 Bootstrap 方法，就是从训练集里面采集固定个数的样本，但是每采集一个样本后，仍将样本放回，被采集的样本在放回后仍有可能继续被采集到。对样本量为 n 的样本集 S，Bagging 算法的原理是：通常随机采样集与训练样本集的样本容量的个数是相同的，只是样本的内容不同。对样本集 S 进行 k 次有放回的重复抽样，得到 k 个样本容量为 n 的随机样本 $S_i(i=1,2,\cdots,k)$，称为采样集。由于抽样的随机性，k 个采样集互不相同。图 5-4 为 Bagging 算法示意图。

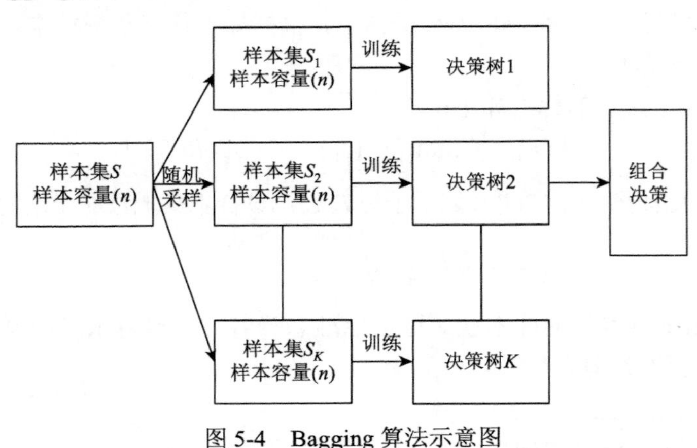

图 5-4 Bagging 算法示意图

在某一次含 n 个样本的样本集的随机采样中，每个样本每次被采集到的概率为 $\frac{1}{n}$，未被采集到的概率为 $1-\frac{1}{n}$；则 n 次采样都没有被采集到的概率是 $\left(1-\frac{1}{n}\right)^n$；当 $n \to \infty$ 时，$\left(1-\frac{1}{n}\right)^n \to \frac{1}{\mathrm{e}} \approx 0.368$。这代表着，Bagging 算法在每次随机采样中，训练集中大约有 36.8%的数据没有被采集到，不能参与训练。通常这大约 36.8%的没有被采集到的数据称为袋外数据（out of bag，OOB），袋外数据没有参与到采样集模型的拟合，可以用来观测模型的预测误差。

2. Bagging 算法步骤

介绍 Bagging 算法的原理后，下面对 Bagging 算法的步骤做一个总结。

输入：样本集 S，弱学习器算法，弱分类器迭代次数 k（k 次有放回的重复抽样）。

输出：最终的强分类器预测值。

（1）对于 $t=1,2,\cdots,k$，对训练集进行第 k 次随机采样，共采集 n 次，得到包含 n 个样本的采样集；每个采样集分别拟合模型得到 k 个决策树。

（2）将得到的 k 个决策树采用结合策略输出最终的决策树。如果是分类树，则采用多数投票制，k 个决策树投出最多票数的类别为最终类别。如果是回归树，将 k 个决策树得到的回归结果进行算术平均，得到的值为最终的模型输出。

5.4.2　随机森林

随机森林是装袋技术的改进版本。随机森林的基础学习器是 CART 算法，采用随机的方式建立一个森林，森林里由许多较高预测精度但相关度较低的决策树组成。可以理解为随机森林的思想仍然是 Bagging 算法，但是在 Bagging 算法的基础上做出了调整，降低了决策树与决策树之间的相关性。

随机森林的“随机”主要表现在随机森林的数据随机性、特征随机性两方面。

1. 随机森林的数据随机性

对于随机森林的数据随机采样，采用与袋装技术相同的有放回随机抽样的方式，也就是在采样得到的训练样本集合中，可能有重复的样本。假设输入样本为 n 个，那么采样得到的训练集样本也为 n 个。从原始数据集中采取有放回抽样来构造训练数据集，训练数据集样本量是与原始数据集相同的，不同训练数据集的元素可以重复，同一训练数据集的元素也可以重复。接下来利用训练数据集构建训练决策树，将这个数据放到训练决策树中，每个训练决策树输出一个结果。最后，如果有新数据需要通过随机森林得到分类结果，可通过对训练决策树的判断结果投票，得到随机森林输出结果。这样使得在训练的时候，每一棵树的输入样本都不是全部的样本，使得相对不容易出现过拟合的情况。

2. 随机森林的特征随机性

随机森林在建立决策树时与 Bagging 算法不同，Bagging 算法建立的决策树是将所有的特征都考虑进去，而随机森林则是考虑每一节点，从所有的特征预测变量 M 中随机选取 m 个特征预测变量，节点所用的特征预测变量只能从这 m 个变量中选择。进一步解释，随机森林算法在每个节点处都重新进行抽样，选出 m 个特征预测变量，m 越大，每棵树的预测偏差越小（即强度越高），但决策树之间的相关性较高，预测方差较大。反之，m 越小，每棵树的预测偏差越大（即强度越低），但决策树之间的相关性较低，预测方差较小。通常令 $m \approx \sqrt{M}$，对于每一节点来说，这个算法将大部分可用预测变量排除在外，这种做法是很巧妙的。

如图 5-5 所示，左边是一棵决策树的特征选取过程，通过在待选特征中选取最优分裂特征完成分裂。右边是随机森林子树的特征选取过程。

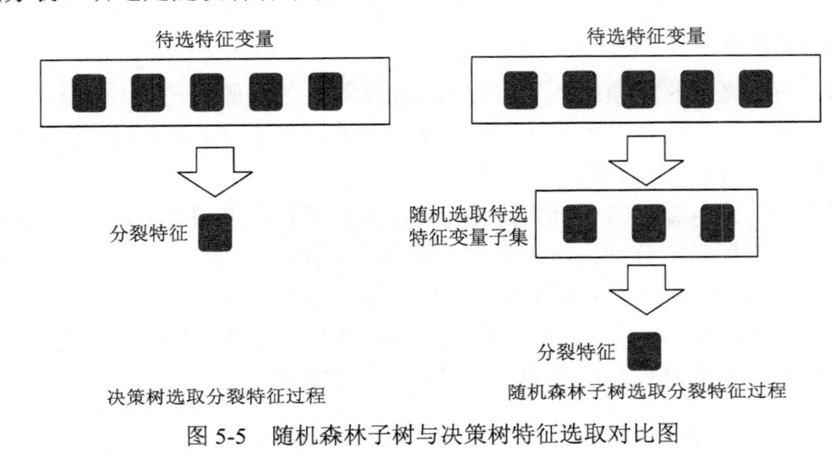

图 5-5　随机森林子树与决策树特征选取对比图

3. 随机森林算法步骤

介绍随机森林算法的原理后，下面对随机森林算法的步骤做一个总结。

输入：样本集 S，弱学习器算法，弱分类器迭代次数 k（k 次有放回的重复抽样）。

输出：最终的强分类器。

（1）对于 $t=1,2,\cdots,k$，对训练集进行第 k 次随机采样，共采集 n 次，得到包含 n 个样本的采样集；用采样集训练 k 个决策树模型，在训练决策树模型的节点的时候，在节点上所有的样本特征中选择一部分样本特征，在这些随机选择的部分样本特征中选择一个最优的特征来做决策树的左右子树划分。

（2）将得到的 k 个决策树采用结合策略输出最终的决策树。如果是分类树，则采用多数投票制，k 个决策树投出最多票数的类别为最终类别。如果是回归树，将 k 个决策树得到的回归结果进行算术平均，得到的值为最终的模型输出。

决策树的一般算法都需要进行剪枝，但随机森林算法中随机采样的过程保证了随机性，因此过拟合的情况不会出现，也就不必进行剪枝。随机森林中每一棵树的学习器算法是很弱的，但是将这些组合起来形成的学习器算法就很强了。可以做这样的比喻：随机森林算法中的每一棵决策树相当于精通某一个小领域的专家，随机森林包含了多个精通不同领域的专家，这样，当面对新的问题或者新的输入数据时，可以从不同的角度去分析处理，最终由各个专家投票，得到的结果就很精确了。

5.5 基于R语言的决策树建模

5.5.1 决策树的R实现和应用

1. 决策树的R实现

1）建立决策树的R函数

在R语言软件中，建立决策树的算法存在于rpart包，其算法的实现通过rpart函数实现。首次使用时，需要先下载安装rpart包，然后加载到R的工作空间中。rpart函数的使用方法如下：

rpart（输出变量～输入变量，data = 数据框名，method = 方法名，parms = list（split = 特征选择指标），control = 参数对象名）

其中，

（1）输出变量～输入变量：若建立分类树时输出变量为因子，则有多个输入变量，变量间用加号连接；数据存储在data参数指定的数据框中。

（2）参数method用于设定方法，取值有：“class”为建立分类树；“poisson”为建立回归树，输出变量为计数变量；“anova”为建立回归树，输出变量为其他数值型变量。

（3）参数parms用于设定决策树的特征选择指标，可取值有：“gini”表示采用Gini系数；“information”表示采用信息熵。

（4）参数control用于设定事前修剪和事后修剪中复杂度参数CP的值。

2）自行设置事前修剪等参数的R函数

如果想要设置事前剪枝等参数，需要先调用rpart.control函数，rpart.control函数使用方法如下：

rpart.control（minsplit = 20，maxcompete = 4，xval = 10，maxdepth = 30，cp = 0.01）

其中，

（1）参数minsplit用于设定节点的最小样本量，默认值为20。当节点的样本量小于所设定的值时，不再继续分组。

（2）参数maxcompete用于设定按变量重要性排序，输出当前最佳分组变量中的前若干个候选变量，默认值为4。

（3）参数xval用于设定进行交叉验证剪枝时的交叉折数，默认值为10。

（4）参数maxdepth用于设定最大树深度，默认值为30。

（5）参数cp用于设定最小代价复杂度剪枝中的复杂度CP参数值，默认初始值为0.01。若出现参数cp采用默认值0.01且R中所给出的决策树过小的情况，可适当减小参数cp的取值，如可指定参数cp为0。

rpart.control函数的执行结果应赋给一个R对象，该对象名将作为raprt函数中control的参数值。

3）可视化决策树的R函数

下载安装rpart.plot包，并调用rpart.plot函数，可以更加形象直观地展现决策树，实现决策树的可视化。rpart. plot函数的使用方法如下：

rpart.plot（决策树结果对象名，type = 编号，branch = 外形编号，extra = 1）

其中，

（1）决策树结果对象名为 rpart 函数的返回对象。

（2）参数 type 用于设定决策树的展示方式，可取值有：0 为默认值，对于叶节点，显示所包含的样本量和预测值。对于根节点和中间节点，显示分组条件。1 为显示所有节点所包含的样本量和预测值，对于根节点和中间节点，还在上方显示分组条件。2 与 1 类似，只是分组条件显示在根节点和中间节点的下方。此外还可以取 3 或 4，具体可查看系统详细介绍。

（3）参数 branch 用于设定决策树的外形，可取值有：0 为以斜线形式连接树的上下节点；1 为以垂线形式连接。

（4）参数 extra 用于设定在节点中显示哪些数据，可取值有：1 为默认值，显示预测类别和节点样本量；2 为显示预测类别和置信度；3 为显示预测类别和节点错判率。此外还可以取 4～9 等值，具体可查看系统详细介绍。

4）复杂度参数 CP 对预测误差的影响

复杂度参数 CP 是进行决策树剪枝的重要参数。该参数设置的合理性直接决定了决策树是否过于复杂而导致过拟合的情况，或是否过于简单而导致预测精度不合理。因此，复杂度参数 CP 对模型预测误差的影响、设定的初始 CP 值是否合理都需要进行进一步的判断。

使用 printcp 函数和 plotcp 函数可进行浏览与可视化 CP 值，具体使用方法如下：

printcp（决策树结果对象名）

plotcp（决策树结果对象名）

2. 决策树的 R 应用

本节所使用的数据为营销数据，在商业数据处理时对目标顾客的定位是很重要的。某公司销售部以快递的方式向该公司的潜在顾客发送产品的宣传资料。有的潜在顾客对商品产生兴趣并进行了咨询，有的则没有反馈。收集到相关数据，包括潜在顾客的编号（ID）、年龄（AGE）、性别（GENDER）、居住地（REIGON）、收入（INCOME）、婚姻状况（MARRIED）、是否有车（CAR）、是否有存款（SAVE）、是否有债务（MORTGAGE）、是否对产品有反馈（MAILSHOT）。希望依据年龄、性别等顾客特征数据，定位或预测可能对产品有较大兴趣的顾客。

对目标客户的重要特征提取也是研究中无法忽视的方面。其中，年龄、性别、居住地、收入、婚姻状况、是否有车、是否有存款、是否有债务作为预测模型的输入变量，是否对产品有反馈为输出变量。

```
>library(rpart)
>library(rpart.plot)
>data = read.table(file = "邮件营销数据.txt", header = T)
>data = data[, -1]
>rind = sample(c(1:2), nrow(data), replace = T, prob = c(0.7, 0.3))
```

```
>trainData = data[rind = = 1, ]#训练集
>testData = data[rind = = 2,]#测试集
####ID3 算法####
>library(rpart)
>library(rpart.plot)
>Ctl = rpart.control(minsplit = 20, maxcompete = 4, maxdepth = 30, cp = 0.01, xval = 10)
            #自行指定事先修剪等参数，复杂度 CP 为 0
>set.seed(1234) #设定随机种子使结果可以重现
>model.ID3 = rpart(MAILSHOT~.,data = trainData,method = "class",
            parms = list(split = "information"))  #使用 ID3 算法时候, split = "information"
>printcp( model.ID3) #显示复杂度 cp 参数列表
Classification tree:
rpart(formula = MAILSHOT ~ ., data = trainData, method = "class",
     parms = list(split = "information"))

Variables actually used in tree construction:
[1] AGE      INCOME   MARRIED REGION

Root node error: 103/221 = 0.46606

n = 221

        CP      nsplit  rel error  xerror    xstd
1   0.213592       0     1.00000   1.00000   0.071999
2   0.035599       1     0.78641   0.86408   0.070786
3   0.014563       4     0.67961   0.89320   0.071147
4   0.012945       6     0.65049   1.00971   0.072040
5   0.010000       9     0.61165   1.00971   0.072040

>plotcp( model.ID3 )#可视化复杂度系数
>model.ID3_prune = prune(model.ID3,cp = 0.010000)
>rpart.plot( model.ID3_prune, branch = 1, type = 1, fallen.leaves = T, cex = 1, sub = "决策树模型-ID3") #可视化决策树图形
```

ID3 算法可视化结果如图 5-6 所示。

```
#### CART 算法 ####
>model.CART = rpart(MAILSHOT~., data = trainData, method = "class", parms = list(split = "gini")) #使用 CART 算法时候, split = "gini"
>printcp( model.CART ) #显示复杂度 cp 参数列表
```

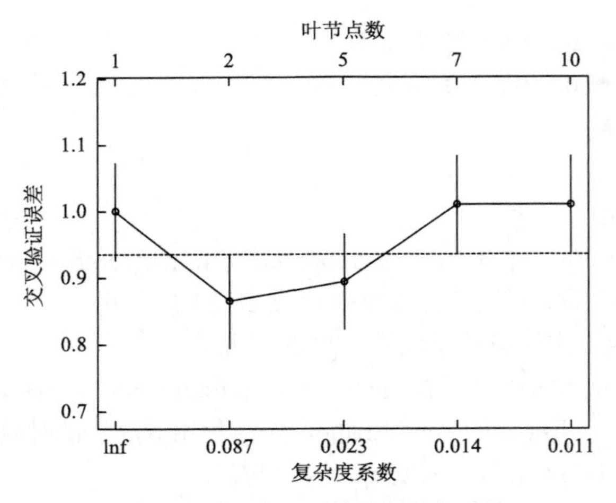

图 5-6 可视化 ID3 算法复杂度系数

```
Classification tree:
rpart(formula = MAILSHOT ~ ., data = trainData, method = "class",
    parms = list(split = "gini"))

Variables actually used in tree construction:
[1] AGE       INCOME   MARRIED REGION

Root node error: 103/221 = 0.46606

n = 221

        CP        nsplit  rel error   xerror     xstd
1   0.213592       0      1.00000   1.00000   0.071999
2   0.035599       1      0.78641   0.94175   0.071625
3   0.014563       4      0.67961   0.96117   0.071774
4   0.012945       6      0.65049   1.00971   0.072040
5   0.010000       9      0.61165   1.00971   0.072040
```

```
>plotcp( model.CART) #可视化复杂度系数
>rpart.plot(model.CART, branch = 1, type = 1, fallen.leaves = T, cex = 1, sub = "决策树模型-CART") #可视化决策树图形
```

CART 算法可视化结果如图 5-7 所示。

5.5.2 袋装技术的 R 实现和应用

1. 袋装技术的 R 实现

实现袋装技术的 R 函数是 ipred 包中的 bagging 函数。在首次使用时应先下载安

装 ipred 包，并将其加载到 R 的工作空间中。bagging 函数的使用方法如下：

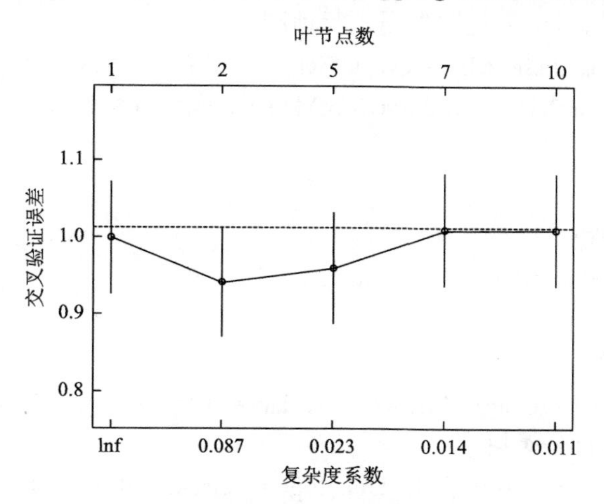

图 5-7　可视化 CART 算法复杂度系数

bagging（输出变量名～输入变量名，data = 数据框名，nbagg = k，coob = TRUE，control = 参数对象名）

其中，

（1）数据存储在 data 参数指定的数据框中；R 公式的写法为输出变量名～输入变量名，有多个输入变量时用加号连接即可。

（2）参数 coob = TRUE 表示基于 OOB 计算的预测误差，coob = FALSE 表示不显示预测误差。

（3）参数 control 用于指定袋装过程中所建立模型的参数，即 bagging 函数的“内嵌”模型，即基础学习器为分类回归树，control 参数设置应为 rpart 函数的参数。

（4）参数 nbagg 用于设定有放回的重复抽样的次数，默认值为 $k=25$，即生成 25 棵分类回归树。

2. 袋装技术的 R 应用

对于上述营销数据，首先要建立单棵决策树，然后采用上文所介绍的袋装技术进行决策树的组合建模预测。实现代码和结果如下。

```
####建立单棵决策树####
>library(rpart)
>data = read.table(file = "邮件营销数据.txt",header = T,stringsAsFactors = T)
>data = data[,-1]#剔除第一列 ID 数据
>Ctl = rpart.control(minsplit = 20, maxcompete = 4, maxdepth = 30, cp = 0.01, xval = 10)
#rpart 的默认参数
>set.seed(12345)
>model.predict = rpart(MAILSHOT~., data = data, method = "class", parms = list(split = "gini"))
#建立单一分类树
```

```
>CFit1 = predict(model.predict, data, type = "class")
#利用单个分类树对全部观测数据进行预测
>ConfM1 = table(data$MAILSHOT, CFit1) #计算单个分类树的混淆矩阵
>error1 = (sum(ConfM1)-sum(diag(ConfM1)))/sum(ConfM1)#计算单个分类树的错判率
>error1
[1] 0.2833333
####袋装算法####
>install.packages("ipred")
>library(ipred)
>set.seed(12345)
>model.Bagging = bagging(MAILSHOT~., data = data, nbagg = 25, coob = TRUE, control = Ctl) #bagging 建立组合分类树
>CFit2 = predict(model.Bagging, data, type = "class")#利用组合分类树对全部观测数据进行预测
>ConfM2 = table(data$MAILSHOT, CFit2)#计算组合分类树的混淆矩阵
>error2 = (sum(ConfM2)-sum(diag(ConfM2)))/sum(ConfM2)#计算组合分类树的错判率
>error2
[1] 0.1966667
```

3. 补充说明

首先，建立单个分类树，然后利用单个分类树对全部观测值做预测。错判率约为 0.28。

（1）利用 ipred 包中的 bagging 函数建立组合分类树。袋装过程默认进行 25 次有放回的重复抽样，生成 25 棵分类树。基于 OOB 的预测误差为 0.46，利用组合分类树并对全部观测值做预测，错判率约为 0.20。说明组合分类树的预测结果比单一分类树精确一些。

（2）predict 函数中的 type 参数指定为 class 时，得到的预测结果是分类值。若不指定 type 参数，默认预测结果是各类别的概率值（预测置信度）。

从预测角度来看，不必关注袋装技术建立的一系列模型的过程。从有放回重复抽样的过程可知，总体上训练样本集包含的观测值仅是全部观测值的$1-36.8\%=63.2\%$。也就是说，训练样本集所反映的信息仅为全部信息的 63.2%。所以，袋装过程中的单个模型不可能是个理想的预测模型，为此称其为弱（Weak）模型。尽管单个模型是弱模型，但它们的组合却能得到较为理想的预测效果。

5.5.3 随机森林的 R 实现和应用

1. 随机森林的 R 实现

建立随机森林的 R 函数是 randomForest 包中的 randomForest 函数。首先使用时要先下载安装 randomForest 包，并加载到 R 的工作空间中。randomForest 函数的使用方法如下：

randomForest（输出变量名～输入变量名，data = 数据框名，mtry = k，ntree = M，importance = TRUE）

其中，

（1）数据存储在 data 参数指定的数据框中。

（2）参数 mtry 用于指定决策树各节点的输入变量个数 k。

（3）参数 ntree 用于指定随机森林包含的决策树棵树，默认值为 500。

（4）参数 importance = TRUE 表示计算输入变量对输出变量重要性的测度值。randomForest 函数的返回值为列表，包含以下成分：predicted，基于 OOB 的预测类别或预测值；confusion，基于 OOB 的混淆矩阵。

（5）参数 votes 给出分类树各预测类别的概率值，即随机森林中的分类树中各类别的比例。

（6）参数 oob.times 表示各个观测作为 OOB 的次数，即在有放回的重复抽样中有多少次未进入样本，这会影响基于 OOB 的预测误差结果。

（7）参数 err.rate 表示随机森林中各个决策树基于 OOB 的整体预测错误率，以及对各个类别的预测错误率。

2. 随机森林的 R 应用

对上述营销数据，建立随机森林组合算法模型，实现代码和结果如下。

[R 软件程序]

```
>install.packages("randomForest")
>install.packages("parallel")
>install.packages("xlsx")
>install.packages("varSelRF")
>library("randomForest")
>library(xlsx)
>library(parallel)
>library(varSelRF)
>model.randomForest = randomForest(MAILSHOT~., data = data, optional = TRUE,
importance = TRUE, proximity = TRUE)
>model.randomForest
Call:
randomForest(formula = MAILSHOT ~ ., data = data, optional = TRUE,     importance = TRUE,
proximity = TRUE)
               Type of random forest: classification
                     Number of trees: 500
No. of variables tried at each split: 2

OOB estimate of error rate: 43%
Confusion matrix:
    NO   YES   class.error
```

```
NO   107  58   0.3515152
YES   71  64   0.5259259

>head(model.randomForest$votes)#前六个观测各类别的预测概率
         NO         YES
1   0.5464481   0.4535519
2   0.3053892   0.6946108
3   0.8162162   0.1837838
4   0.7600000   0.2400000
5   0.3465909   0.6534091
6   0.3714286   0.6285714
>head(model.randomForest$oob.times)#前六个观测作为 OOB 的次数
[1] 183 167 185 175 176 175
>fit = predict(model.randomForest, data)#随机森林对全部观测做预测
>confm = table(data$MAILSHOT, fit)#随机森林对全部观测做预测的混淆矩阵
>error = (sum(confm)-sum(diag(confm)))/sum(confm)#随机森林的整体错判率
>error
[1] 0.03666667
>head(treesize(model.randomForest))#浏览各个树的叶节点个数
[1] 62 69 73 72 82 78
>head(getTree(rfobj = model.randomForest, k = 1, labelVar = TRUE))
                                                    #提取第一棵树的部分信息
  left daughter  right daughter  split var   split point  status  prediction
1       2              3          MARRIED        1.0        1       <NA>
2       4              5           GENDER        1.0        1       <NA>
3       6              7            AGE         52.5        1       <NA>
4       8              9           INCOME    30009.0        1       <NA>
5      10             11           INCOME    10935.0        1       <NA>
6      12             13           GENDER        1.0        1       <NA>
>importance(model.randomForest,type = 1)  #输入变量的重要性
          MeanDecreaseAccuracy
AGE              0.9263359
GENDER          -0.3499907
REGION          -0.9890689
INCOME           7.5526397
MARRIED          6.5947141
CAR             -4.4248393
SAVE             1.4931698
```

MORTGAGE　　　　6.3742622

3. 补充说明

以下补充说明随机森林的预测误差问题。

（1）随机森林共建立了 500 棵决策树，每个节点的备选输入变量个数为 2。基本袋外观测 OOB 的预测错判率为 43%。从袋外观测的混淆矩阵来看的话，模型对两个类别的预测精度均不理想。对 NO 类的预测错误率为 35%，对 YES 类的预测错误率为 53%，比例非常高。

（2）以第 1 个观测为例：有 55%的决策树投票给 NO 类，45%投票给 YES 类。它有 183 次作为 OOB 未进入训练样本集。

（3）进一步，采用 plot 函数画图直观地观察 OOB 错判率随随机森林中决策树数量的变化而变化的特点，如图 5-8 所示。plot 的绘图数据为 err.rate。图中中间线为整体错判率，下线为对 NO 类预测的错判率，上线为对 YES 类预测的错判率。从而可以得到模型对 NO 类的预测效果要好于对整体和 YES 类。当决策树数量达到 300 后，各类错判率基本保持稳定。所以，参数 ntree 可设置为 300。

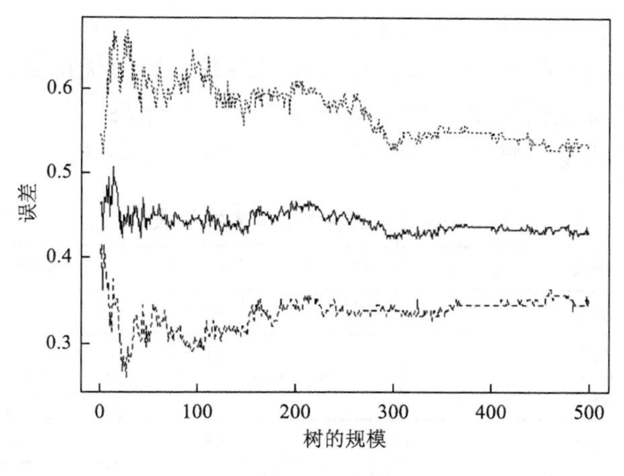

图 5-8　随机森林错判率

5.6　小　　结

（1）决策树学习算法包括决策树的生长和剪枝，常用的算法有 ID3、C4.5 和 CART，基于决策树的组合算法有袋装技术、随机森林。

（2）决策树的生长的特征选择的目的是选取训练数据的分类特征，特征选择的关键是其准则，常用的准则如下：①信息增益（ID3）；②信息增益比率（C4.5）；③基尼系数。

（3）决策树的生长：通常使用信息增益最大、信息增益比率最大或基尼系数最小作为特征选择的准则。决策树的生长通过计算信息增益或其他指标，从根节点开始，用信息增益或其他准则不断地选取局部最优的特征，递归地产生决策树。

（4）决策树的剪枝：决策树的分枝过多，导致了过拟合的情况，需要从已生成的树上剪掉一些分枝，得到更优的模型。决策树的剪枝方法有事前剪枝、事后剪枝。

（5）基于决策树的组合算法是提高模型预测精度和稳健性的有效途径。决策树的组合算法有袋装技术、随机森林。Bagging 算法是决策树的改进版本，通过拟合很多决策树来提高模型的准确率。Random Forrest 算法是 Bagging 算法的改进版本，通过限制节点可选特征范围对 Bagging 算法进行优化。

思考题与练习题

1. 简述决策树算法的优缺点。
2. 简述决策树的生长过程。
3. 简述决策树生长过程的停止条件。
4. 表 5-2 是一个由 15 个贷款申请样本组成的训练数据集 D。数据包括贷款申请人的 4 个特征（属性）：第 1 个特征是年龄，有 3 个可能值：青年、中年、老年；第 2 个特征是工作，有 2 个可能值：是、否；第 3 个特征是房子，有 2 个可能值：是、否；第 4 个特征是信贷情况，有 3 个可能值：非常好、好、一般。表的最后一列是类别——是否同意贷款，取 2 个值：是、否。请回答如下问题。

（1）对所给的训练数据集 D，根据信息增益准则选择最优特征。

（2）对所给的训练数据集 D，使用 ID3 算法构建决策树。

（3）对所给的训练数据集 D，使用 CART 算法构建决策树。

表 5-2 贷款申请样本数据表

ID	年龄	是否有工作	是否有房子	信贷情况	是否同意贷款
1	青年	否	否	一般	否
2	青年	否	否	好	否
3	青年	是	否	好	是
4	青年	是	是	一般	是
5	青年	否	否	一般	否
6	中年	否	否	一般	否
7	中年	否	否	好	否
8	中年	是	是	好	是
9	中年	否	是	非常好	是
10	中年	否	是	非常好	是
11	老年	否	是	非常好	是
12	老年	否	是	好	是
13	老年	是	否	好	是
14	老年	是	否	非常好	是
15	老年	否	否	一般	否

第 6 章　贝叶斯分类

【学习目标】通过本章的学习，了解贝叶斯定理在分类中的应用，理解和掌握朴素贝叶斯和贝叶斯信念网络两种方法；并通过实例练习掌握朴素贝叶斯分类在 R 语言中的操作。

6.1　贝叶斯定理

6.1.1　基础定理

设某工厂有甲、乙、丙三个车间，并生产同一种产品，已知各车间的产量分别占全厂产量的 25%、35%、40%，同时各车间的次品率依次为 5%、4%、2%。现从待出厂的产品中检查出一个次品，试判断该次品是由甲车间生产的概率。

从该问题入手，首先进行概率论中一些基础知识回顾。

（1）已知事件 A 发生的条件下事件 B 发生的概率，叫作事件 B 在事件 A 发生下的条件概率，记为 $P(B|A)$，其中 $P(A)$ 叫作先验概率，$P(B|A)$ 叫作后验概率，计算条件概率的公式为

$$P(B|A)=\frac{P(A\cap B)}{P(A)} \tag{6-1}$$

条件概率模型公式通过变形得到乘法公式为

$$P(A\cap B)=P(B|A)P(A) \tag{6-2}$$

（2）设 A,B 为两个随机事件，如果有 $P(AB)=P(A)P(B)$ 成立，则称事件 A 和 B 相互独立。此时有 $P(A|B)=P(A)和P(AB)=P(A)P(B)$ 成立。

设 $A_1,A_2,\cdots,A_n$ 为 n 个随机事件，如果对其中任意 $m(2\leqslant m\leqslant n)$ 个事件 $A_{k_1},A_{k_2},\cdots,A_{k_m}$ 都有

$$P(A_{k_1},A_{k_2},\cdots,A_{k_m})=P(A_{k_1})\times P(A_{k_2})\times\cdots\times P(A_{k_m}) \tag{6-3}$$

成立，则称事件 $A_1,A_2,\cdots,A_n$ 相互独立。

（3）设 $B_1,B_2,\cdots,B_n$ 为互不相容事件，$P(B_i)>0,\ i=1,2,\cdots,n$，且 $\bigcup_{i=1}^{n}B_i=\Omega$，对任意的事件 $A\subset\bigcup_{i=1}^{n}B_i$，计算事件 A 概率的公式为

$$P(A)=\sum_{i=1}^{n}P(B_i)P(A|B_i) \tag{6-4}$$

（4）设 $B_1,B_2,\cdots,B_n$ 为互不相容事件，$P(B_i)>0,\ i=1,2,\cdots,n$，$P(A)>0$，则在事件 A 发生的条件下，事件 B_i 发生的概率为

$$P(B_i\mid A)=\frac{P(B_iA)}{P(A)}=\frac{P(B_i)P(A\mid B_i)}{\sum_{i=1}^{n}P(B_i)P(A\mid B_i)} \tag{6-5}$$

称该公式为贝叶斯定理。

通过以往的概率论学习可以得知，贝叶斯定理可以用来解决诸如本章开篇所提到的等一类问题。

设 A_1,A_2,A_3 分别表示产品由甲、乙、丙车间生产，B 表示产品为次品。显然，A_1,A_2,A_3 构成完备事件组，根据问题中的信息，可知：

产品由甲、乙、丙车间生产的概率分别为

$$P(A_1)=25\%,\ P(A_2)=35\%,\ P(A_3)=40\%$$

甲、乙、丙车间生产次品的概率分别为

$$P(B\mid A_1)=5\%,\ P(B\mid A_2)=4\%,\ P(B\mid A_3)=2\%$$

根据以上信息，检查出的次品是由甲车间生产的概率为

$$\begin{aligned}P(A_1\mid B)&=\frac{P(A_1)P(B\mid A_1)}{P(A_1)P(B\mid A_1)+P(A_2)P(B\mid A_2)+P(A_3)P(B\mid A_3)}\\&=\frac{0.25\times0.05}{0.25\times0.05+0.35\times0.04+0.4\times0.02}\\&\approx0.362\end{aligned}$$

6.1.2 贝叶斯定理在分类问题中的应用

假设 $\Omega=\{C_1,C_2,\cdots,C_m\}$ 有 m 个不同类别的集合，特征向量 X 是 d 维向量，$P(X\mid C_i)$ 是特征向量 X 在类别 C_i 状态下的条件概率，$P(C_i)$ 为类别 C_i 的先验概率。根据式（6-5），后验概率 $P(C_i\mid X)$ 的计算公式为

$$P(C_i\mid X)=\frac{P(X\mid C_i)P(C_i)}{P(X)} \tag{6-6}$$

其中，$P(X)=\sum_{j=1}^{m}P(X\mid C_j)P(C_j)$。

在构建模型的数据训练阶段，要根据能够从训练数据中获得的信息，计算学习所需参数，再将要进行分类的样本代入模型中，此时贝叶斯决策准则为：如果对于任意 $i\neq j$，都有 $P(C_i\mid X)>P(C_j\mid X)$ 成立，则样本 X 被判定为类别 C_i。通俗来讲，利用贝叶斯定理来帮助进行决策的总体思路就是计算出待测样本 X 属于各个不同类别的可能性，再根据决策规则，选择概率最大（即可能性最大）的一种结果作为决策结果。

在整个分类判定过程中，分母 $P(X)$ 为固定常数，可以忽略不计。先验概率 $P(C_i)$ 可以通过训练集中每个类的训练记录所占的比例进行计算。总的来说，要进行贝叶斯分类决

策，即对 $P(C_i \mid X)$ 进行计算，关键是要计算 $P(X \mid C_i)$。在本章内容中，将介绍两种贝叶斯分类方法的实现：朴素贝叶斯与贝叶斯信念网络。

6.2 朴素贝叶斯

6.2.1 朴素贝叶斯基本理论

朴素贝叶斯法是一种概率分类法，其算法实现简单，模型结构也相对简单，学习和预测的效率都很高，是一种常用的方法。朴素贝叶斯在利用贝叶斯定理进行分类时基于一个朴素的假定：特征条件独立假设（所有属性之间相互条件独立）。对于给定的训练数据集，首先基于特征条件独立假设学习输入输出的联合概率分布；然后基于此模型，对给定的输入利用贝叶斯定理求出后验概率最大的输出。朴素贝叶斯的分类结构示意图如图 6-1 所示。

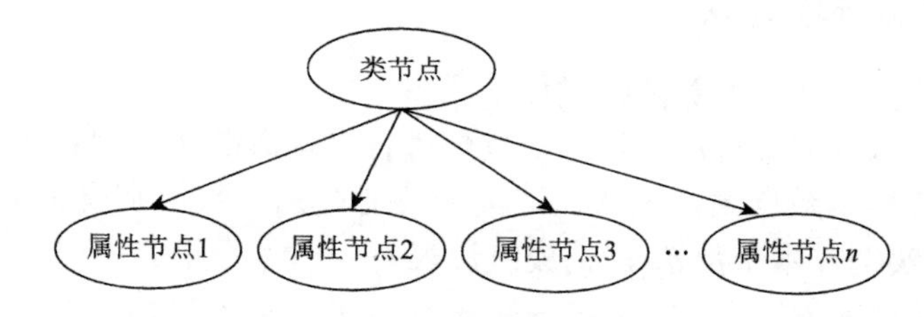

图 6-1 朴素贝叶斯分类结构示意图

从图 6-1 中可以看到，这是一个非常简单的模型，所有属性之间都相互独立。

通过前面贝叶斯定理的相关学习，进一步假设样本空间有 m 个类别 $\{C_1, C_2, \cdots, C_m\}$，数据集有 n 个属性 $A_1, A_2, \cdots, A_n$，给定一个未知类别的样本 $X = (x_1, x_2, \cdots, x_n)$，其中 x_i 表示第 i 个属性的取值，即 $x_i \in A_i$，则可利用贝叶斯公式计算样本 $X = (x_1, x_2, \cdots, x_n)$ 属于类别 $C_k (1 \leqslant k \leqslant m)$ 的概率。从前面的学习也可以知道，由贝叶斯公式，有 $P(C_k \mid X) = \dfrac{P(X \mid C_k)P(C_k)}{P(X)}$，其中 $P(X)$ 可忽略不计，即要计算得出 $P(C_k \mid X)$ 的值，关键是要进行 $P(X \mid C_k)$ 和 $P(C_k)$ 的计算。令 $C(X)$ 为 X 所属的类别标签，根据贝叶斯分类决策准则，如果对于任意 $i \neq j$ 都有 $P(C_i \mid X) > P(C_j \mid X)$ 成立，决策就将未知类别的样本 X 分类进类别 C_i，贝叶斯分类器的计算模型为

$$V(X) = \arg\max_i P(C_i)P(X \mid C_i) \tag{6-7}$$

又基于朴素贝叶斯分类器的属性独立性假设，假设各个属性 $x_i (i = 1, 2, \cdots, n)$ 间在给定类别下条件独立，则

$$P(X \mid C_i) = \prod_{k=1}^{n} P(x_k \mid C_i) \tag{6-8}$$

将式（6-8）代入式（6-7），即有

$$V(X)=\arg\max_{i} P(C_i)\prod_{k=1}^{n}P(x_k \mid C_i) \tag{6-9}$$

$P(C_i)$ 表示先验概率，可以利用 $P(C_i)=d_i/d$ 计算得到。其中，d_i 表示属于类别 C_i 的训练集样本记录数，d 表示训练集样本总数。

在实际问题的操作中，根据样本属性 A_k 的离散连续性质不同，还要考虑下面两种情形：如果属性 A_k 是离散的，则 $P(x_k \mid C_i)=S_{ik}/S_i$，其中 S_{ik} 表示在实例空间中类别为 C_i 的样本中属性 A_k 上取值为 x_k 的训练样本个数，而 S_i 表示属于类别 C_i 的训练样本个数。如果属性 A_k 是连续的，可以参考的方法有两种。第一种方法是可以把每一个连续的属性离散化，然后用相应的离散区间替换连续属性值。这种方法将连续属性转换成序数属性，但需要注意离散区间的数目，确保划分出正确的决策边界。第二种方法是可以假设连续变量服从某种概率分布，然后使用训练数据估计分布的参数。高斯分布通常被用来表示连续属性的类条件概率分布。

6.2.2 朴素贝叶斯算法

朴素贝叶斯分类器模型的算法描述如下。

（1）对训练样本数据集合测试样本数据集进行数据离散化处理和数据的缺失值处理。

（2）考察训练样本数据集，统计训练集中类别 C_i 的个数 d_i 和属于类别 C_i 的样本中属性 A_k 取值为 x_k 的实例样本个数 d_{ik}，构成统计表。

（3）计算先验概率 $P(C_i)=d_i/d$ 和条件概率 $P(A_k=x_k \mid C_i)=d_{ik}/d_i$，构成概率表。

（4）构建分类模型 $V(X)=\arg\max\limits_{i} P(C_i)P(X \mid C_i)$。

（5）考察待分类的样本数据集，根据已经获取的统计表、概率表和构建好的分类模型，计算分类结果。

接下来练习应用朴素贝叶斯分类器来解决一个分类问题。表 6-1 是购买汽车的顾客的分类训练样本集。假设顾客的属性集家庭经济状况、信用级别和月收入之间条件独立，则对于某顾客（测试样本），已知属性集 $X=$(一般,优秀,12 000)，利用朴素贝叶斯分类器计算这位顾客购买汽车的概率。

表 6-1 10 个训练实例

序号	家庭经济状况	信用级别	月收入/元	是否购买汽车
1	一般	优秀	10 000	是
2	好	优秀	12 000	是
3	一般	优秀	6 000	是
4	一般	良好	8 500	否
5	一般	良好	9 000	否
6	一般	优秀	7 500	是
7	好	一般	22 000	是
8	一般	一般	9 500	否
9	一般	良好	7 000	是
10	好	良好	12 500	是

根据题目，为了表述方便，先将家庭经济状况、信用级别、月收入和是否购买汽车分别设为 A、B、C、D。家庭经济状况中，A_1、A_2 分别为一般、好；信用级别中，B_1、B_2、B_3 分别为一般、良好、优秀；月收入中，C_1、C_2 分别为月收入≥10 000、月收入<10 000；购买汽车中，D_1、D_2 分别为是、否。我们的任务是要判断给定的测试实例是属于 D_1 还是 D_2。

根据公式可得

$$V(X)=\underset{D\in\{D_1,D_2\}}{\arg\max}\ P(D)P(A_1\mid D)P(B_3\mid D)P(C_1\mid D)$$

为计算 $V(X)$，我们计算每个类的先验概率 $P(D_i)$。

$$P(D_i)\text{：}\ P(D_1)=7/10=0.7$$

$$P(D_2)=3/10=0.3$$

为计算 $P(X\mid C_i),\ i=1,2$，计算下面的条件概率。

$$P(A_1\mid D_1)=4/7=0.571$$

$$P(A_1\mid D_2)=3/3=1$$

$$P(B_3\mid D_1)=4/7=0.571$$

$$P(B_3\mid D_2)=0/3=0$$

$$P(C_1\mid D_1)=4/7=0.571$$

$$P(C_1\mid D_2)=0/3=0$$

$$X=(A_1,B_3,C_1)$$

$$P(X\mid D_i)\text{：}\ P(X\mid D_1)=0.571\times0.571\times0.571=0.186$$

$$P(X\mid D_2)=1\times0\times0=0$$

$$P(X\mid D_i)P(D_i)\text{：}\ P(X\mid D_1)P(D_1)=0.1302$$

$$P(X\mid D_2)P(D_2)=0$$

因此，对于给定样本 X，朴素贝叶斯分类预测结果为 $D=D_1$，即购买汽车。

6.2.3　朴素贝叶斯的优缺点及应用

1. 朴素贝叶斯的优缺点

在前文中我们已经花大篇幅介绍了朴素贝叶斯算法，该算法也呈现出很多优点，如逻辑简单、易于实现等；同时该算法假设了数据集属性之间是相互独立的，因此算法较为稳定，当数据呈现出不同的特点时，朴素贝叶斯的分类性能不会呈现出较大的差异，即朴素贝叶斯算法的程序稳健性较好，对于不同类型的数据集不会呈现出太大的差异性。当数据集属性之间的关系本身就相对比较独立时，应用朴素贝叶斯分类算法相对来说会有更好的效果。尽管在实际情况中难以满足朴素贝叶斯模型的属性类条件独立性假定，但其分类预测的效果在大部分情况下仍比较准确。

同时还有大量研究表明可以通过许多改进方法来提高朴素贝叶斯分类的性能。改进方法主要分为两类：一类是弱化属性的类条件独立性假设，在朴素贝叶斯分类的基础上利用相关性度量公式来构建属性间的相关性；另一类是构建新的样本属性集，以获得属性间存在较好类条件独立关系的属性集。

可又正是由于朴素贝叶斯存在的属性间独立的朴素假定，使得其在应用中存在一定的局限性与掣肘性。因为数据集属性独立这一条件在现实情况中较难满足，属性间往往都存在着一定的关联，若进行分类的数据集的属性间存在较强的关联性，会导致分类效率降低。

2. 朴素贝叶斯的应用

随着大数据时代的到来，数据驱动分类器学习成为当下的热点，除去传统数据分类问题，文本、图像等方向的数据处理分类成为重中之重。在诸多分类算法中，朴素贝叶斯分类算法是其中表现较为优秀的一种分类器，可以应用在实际生活中，如文本分类、信用评估等方面。

6.3 贝叶斯信念网络

在 6.2 节进行朴素贝叶斯的讨论时，朴素贝叶斯分类有一个限制条件，即特征属性假定独立。当这个条件成立时，朴素贝叶斯分类法的准确率是最高的，但在现实生活中各个特征属性间往往并不能达到条件独立，而是具有较强的相关性，这就限制了朴素贝叶斯的分类能力。本节将介绍一种贝叶斯分类中更高级、应用范围更广、更为灵活的类条件概率的建模方法。该方法不要求给定类的所有属性都条件独立，而是允许指定哪些属性条件独立。

6.3.1 模型表示

贝叶斯信念网络（Bayesian belief network，BBN），又称为贝叶斯网络或信念网络，它是一种图形模型（概率理论和图论相结合的产物），用图形表示一组随机变量之间的概率关系。贝叶斯信念网络由以下两部分构成。

1. 有向无环图

有向无环图（directed acyclic graph，DAG）用以表示变量之间的依赖关系，它由节点和有向弧段组成，每个节点代表一个事件或随机变量，变量值可以是离散或者连续的，节点的取值是完备互斥的。表示起因的假设和表示结果的数据均用节点表示。

2. 概率表

反映各节点和它的直接父母节点关联关系的概率统计表。

考虑三个随机变量 A、B 和 C，其中 A 和 B 相互独立，并且都会直接影响第三个变量 C。三个变量之间的关系可以用图 6-2（a）中的有向无环图概括。图中每一个节点表示一个变量，每条弧表示两个变量之间的依赖关系。用亲属关系来形象描述的话，即如果从 X 到 Y 有一条有向弧，则 X 是 Y 的父母，Y 是 X 的子女。另外，如果在整个网络中存在一条从 X 到 Z 的有向路径，则 X 是 Z 的祖先，Z 就是 X 的后代。

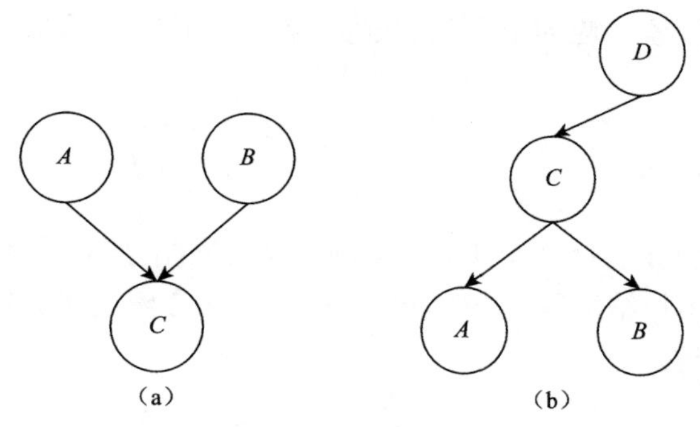

图 6-2　有向无环图

现在用一个简单的有向无环图来进行解释说明，观察图 6-2（b），根据图中显示可以知道，A 是 D 的后代，D 是 B 的祖先，而且 B 和 D 都不是 A 的后代节点。这就引出了贝叶斯信念网络的一个重要性质：贝叶斯网络中的一个节点，如果它的父母节点已知，则它条件独立于它的所有非后代节点。前面已经介绍过的朴素贝叶斯结构示意图就是一个有向无环图。

除了网络拓扑结构要求的条件独立性以外，有向无环图中的每一个节点还都关联一个概率表，并具有如下性质。

（1）如果节点 X 没有父母节点，则表中只包含先验概率 $P(X)$。

（2）如果节点 X 只有一个父母节点 Y，则表中包含条件概率 $P(X|Y)$。

（3）如果节点 X 有多个父母节点 $\{Y_1,Y_2,\cdots,Y_k\}$，则表中包含条件概率 $P(X|Y_1,Y_2,\cdots,Y_k)$。

图 6-3 是贝叶斯信念网络的一个案例，对学生大学成绩进行建模。大学成绩节点（G）的父母节点对应于影响成绩的因素，如课程难度（D）和智力（I）等。大学成绩节点的子节点对应于成绩所带来的效果，如推荐信（L）等。如图 6-3 所示，SAT 成绩（S）可能源于智力因素。

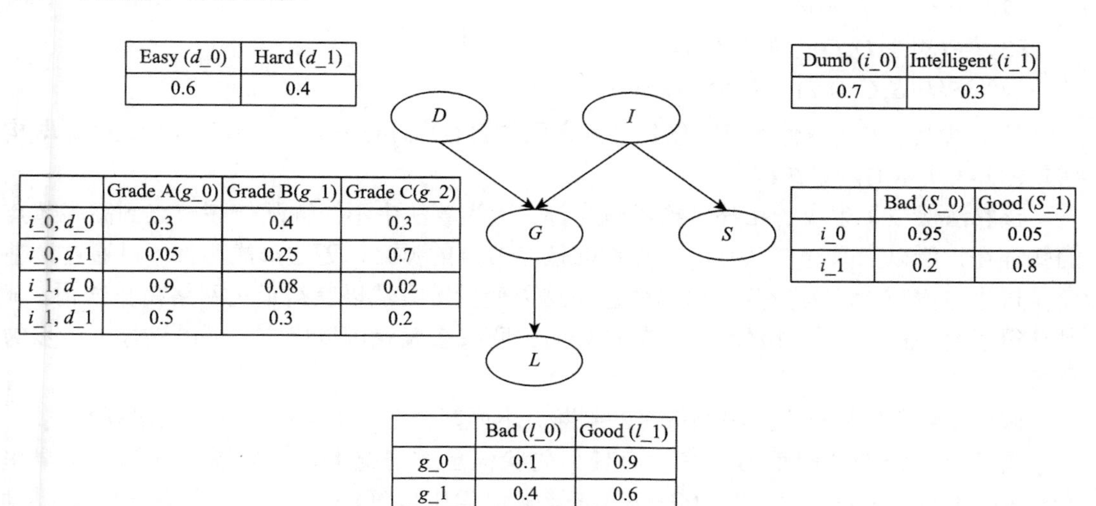

Easy (d_0)	Hard (d_1)
0.6	0.4

Dumb (i_0)	Intelligent (i_1)
0.7	0.3

	Grade A(g_0)	Grade B(g_1)	Grade C(g_2)
i_0, d_0	0.3	0.4	0.3
i_0, d_1	0.05	0.25	0.7
i_1, d_0	0.9	0.08	0.02
i_1, d_1	0.5	0.3	0.2

	Bad (S_0)	Good (S_1)
i_0	0.95	0.05
i_1	0.2	0.8

	Bad (l_0)	Good (l_1)
g_0	0.1	0.9
g_1	0.4	0.6
g_2	0.99	0.01

图 6-3　student 模型

影响大学成绩的因素对应的节点只包含先验概率，而成绩及成绩效应所对应的节点都包含条件概率。

6.3.2 模型建立

贝叶斯信念网络建模包括两个步骤：①创建信念网络结构；②估计每一个节点的概率表中的概率值。网络拓扑结构需要一定方法获得，表 6-2 给出了归纳贝叶斯信念网络拓扑结构的一个系统的过程。

表 6-2 贝叶斯信念网络拓扑结构的生成算法

步骤	贝叶斯网络拓扑结构的生成算法
1	设 $T=(X_1,X_2,\cdots,X_d)$ 表示变量的全序
2	令变量 j 在 1 到 d 之间取值，循环步骤 3 至步骤 6
3	令 $X_{T(j)}$ 表示 T 中第 j 个次序最高的变量
4	令 $\pi(X_{T(j)})=\{X_{T(1)},X_{T(2)},\cdots,X_{T(j-1)}\}$ 表示排在 $X_{T(j)}$ 前面的变量的集合
5	从 $\pi(X_{T(j)})$ 中去掉对 X_j 没有影响的变量（使用先验知识）
6	在 $X_{T(j)}$ 和 $\pi(X_{T(j)})$ 中剩余的变量之间画弧
7	结束循环

考虑图 6-3 中的变量。执行步骤 1 之后，设变量次序为 (D,I,G,S,L)。从变量 I 开始，经过步骤 2 至步骤 7，可得到如下条件概率。

（1）$P(I\mid D)$ 化简为 $P(I)$。

（2）$P(G\mid D,I)$ 不能化简。

（3）$P(S\mid G,D,I)$ 化简为 $P(S\mid I)$。

（4）$P(L\mid S,G,D,I)$ 化简为 $P(L\mid G)$。

基于以上求得的条件概率，创建节点之间的弧 $(D,G),(I,G),(I,S),(G,L)$。这些弧即构成了图 6-3 所示的网络结构。

该算法保证了生成的拓扑结构不包含环。因为算法中不允许从低序节点到高序节点的弧存在，所以当只存在从高序节点指向低序节点的弧时，无法形成环。可以通过调整变量排序方案或者将变量分为原因变量和结果变量等方法以获得最优网络拓扑结构。一旦获得了合适的网络拓扑结构，各节点处的关联概率表就可以确定，可以进行下一步的分析。

假设要利用图进行学生成绩等级的判断。下面阐释在不同情况下如何做出判断。

情况一 没有先验信息。在没有任何先验信息的情况下，可以通过计算先验概率 $P(G=g\_0)$、$P(G=g\_1)$ 和 $P(G=g\_2)$ 来确定学生成绩的等级。为了表述方便，设 $\alpha\in\{简易,困难\}$ 表示课程难度的两个值，$\beta\in\{正常,超常\}$ 表示智力的两个值。

$$
\begin{aligned}
P(G=g\_0) &= \sum_{\alpha}\sum_{\beta} P(G=g\_0 \mid D=\alpha, I=\beta) P(D=\alpha, I=\beta) \\
&= \sum_{\alpha}\sum_{\beta} P(G=g\_0 \mid D=\alpha, I=\beta) P(D=\alpha) P(I=\beta) \\
&= 0.3\times0.7\times0.6 + 0.05\times0.7\times0.4 + 0.9\times0.3\times0.6 + 0.5\times0.3\times0.4 \\
&= 0.362
\end{aligned}
$$

$$
\begin{aligned}
P(G=g\_1) &= \sum_{\alpha}\sum_{\beta} P(G=g\_1 \mid D=\alpha, I=\beta) P(D=\alpha, I=\beta) \\
&= \sum_{\alpha}\sum_{\beta} P(G=g\_1 \mid D=\alpha, I=\beta) P(D=\alpha) P(I=\beta) \\
&= 0.4\times0.7\times0.6 + 0.25\times0.7\times0.4 + 0.08\times0.3\times0.6 + 0.3\times0.3\times0.4 \\
&= 0.2884
\end{aligned}
$$

$$
P(G=g\_2) = 1 - P(G=g\_0) - P(G=g\_1) = 1 - 0.362 - 0.2884 = 0.3496
$$

所以，此学生成绩等级为 A 的概率略大一些。

情况二　推荐信。如果一个学生获得了推荐信，可以通过比较后验概率 $P(G=g\_0 \mid L=l\_1)$、$P(G=g\_1 \mid L=l\_1)$、$P(G=g\_2 \mid L=l\_1)$ 来判断学生的成绩等级。为此，我们必须先计算 $P(L=l\_1)$：

$$
\begin{aligned}
P(L=l\_1) &= \sum_{\gamma} P(L=l\_1 \mid G=\gamma) P(G=\gamma) \\
&= 0.9\times0.362 + 0.6\times0.2884 + 0.01\times0.3496 \\
&= 0.502336
\end{aligned}
$$

其中，$\gamma \in \{g\_0, g\_1, g\_2\}$。因此，该学生成绩为 A 的后验概率为

$$
\begin{aligned}
P(G=g\_0 \mid L=l\_1) &= \frac{P(L=l\_1 \mid G=g\_0) P(G=g\_0)}{P(L=l\_1)} \\
&= \frac{0.9\times0.362}{0.502336} = 0.6486
\end{aligned}
$$

同理，$P(G=g\_1 \mid L=l\_1) = 0.3445$，$P(G=g\_2 \mid L=l\_1) = 0.0069$。因此，当学生获得推荐信时，成绩为 A 的概率就增加了。

情况三　获得推荐信、课程困难、智力正常。假设得知此学生智力是正常水平且课程困难。加上这些新信息，该学生成绩为 A 的后验概率如下：

$$
\begin{aligned}
& P(G=g\_0 \mid L=l\_1, D=d\_1, I=i\_0) \\
&= \left[\frac{P(L=l\_1 \mid G=g\_0, D=d\_1, I=i\_0)}{P(L=l\_1 \mid D=d\_1, I=i\_0)}\right] \times P(G=g\_0 \mid D=d\_1, I=i\_0) \\
&= \frac{P(L=l\_1 \mid G=g\_0) P(G=g\_0 \mid D=d\_1, I=i\_0)}{\sum_{\gamma} P(L=l\_1 \mid G=\gamma) P(G=\gamma \mid D=d\_1, I=i\_0)} \\
&= \frac{0.9\times0.05}{0.9\times0.05 + 0.6\times0.25 + 0.01\times0.7} \\
&= 0.2223
\end{aligned}
$$

因此，模型暗示困难的课程匹配正常的智力水平会使成绩为A的概率降低。

6.4 贝叶斯信念网络特点及应用

1. 贝叶斯信念网络的特点

（1）贝叶斯信念网络提供了一种用图形模型来捕获特定领域的先验知识的方法。

（2）利用贝叶斯信念网络进行分类操作时，构造网络阶段属于难点，费时费力，但是一旦网络结构得以确定，添加新变量就十分容易。

（3）贝叶斯信念网络很适合处理不完整的数据，对有属性遗漏的数据可以通过对该属性的所有可能取值的概率求和或者求积分加以处理。

（4）贝叶斯信念网络将数据与先验知识以概率的方式相结合，所以该方法下不易发生模型的过拟合问题。

2. 贝叶斯信念网络的应用

贝叶斯信念网络结合了概率论与图论的知识，提供了一种简单的可视化概率模型的方法，是一种典型的概率图模型，在人工智能、机器学习和计算机视觉等领域有着广阔的应用前景。目前已高效率应用在文件分类、信息检索、图像处理、决策系统支持、医学和工程学等方面。

6.5 基于R语言的贝叶斯分类建模

6.5.1 朴素贝叶斯分类器的应用——基于R语言

案例1 应用朴素贝叶斯分类器来解决这样一个问题：根据当年泰坦尼克号沉船事件的数据集，以船上人员的舱位登记、性别和年龄作为特征，训练模型预测该人员最后是否生还。根据朴素贝叶斯对概率事件建模的特点，剖析最后生还的人员最可能是哪一部分人群。

R语言代码实操及相关分析：

```
>install.packages("e1071")
>library(e1071)
>data(Titanic)
>Titanic_df = as.data.frame(Titanic)
```

读取Titanic数据集后，首先将数据的格式进行调整，将每个人员的信息整合成一行数据，以便于后续的使用。

```
>repeating_sequence = rep.int(seq_len(nrow(Titanic_df)), Titanic_df$Freq)
```

```
>Titanic_dataset = Titanic_df[repeating_sequence]
>Titanic_dataset$Freq = NULL
```

在 R 语言中使用 e1071 库中的 naiveBayes 函数进行建模。

```
>model = naiveBayes(Survived~., data = Titanic_dataset)
>Model
#在变量 model 中保存了以下关于模型的信息
Call:
naiveBayes.default(x = X, y = Y, laplace = laplace)

A-priori probabilities:
Y
      No        Yes
  0.676965   0.323035

Conditional probabilities:
      Class
Y            1st          2nd          3rd          Crew
  No     0.08187919   0.11208054   0.35436242   0.45167785
  Yes    0.28551336   0.16596343   0.25035162   0.29817159

      Sex
Y            Male         Female
  No         0.91543624   0.08456376
  Yes        0.51617440   0.48382560

      Age
Y           Child         Adult
  No        0.03489933    0.96510067
  Yes       0.08016878    0.91983122
```

从 A-priori probabilities 这一项中可以看出，数据集表明在泰坦尼克号事件当中只有 32.3%的人员存活了下来。在 Conditional probabilities 里可以看到各个特征的类条件概率值。利用上述结果，可以计算得到各个特征下的存活概率。例如：

$$
\begin{aligned}
P(\text{存活}\mid\text{女性}) &= \frac{P(\text{存活})P(\text{女性}\mid\text{存活})}{P(\text{女性})} \\
&= \frac{0.323035\times 0.48382560}{0.323035\times 0.48382560 + 0.676965\times 0.08456376} \\
&= 0.7319
\end{aligned}
$$

$$
\begin{aligned}
P(\text{存活}\mid\text{男性}) &= \frac{P(\text{存活})P(\text{男性}\mid\text{存活})}{P(\text{男性})} \\
&= \frac{0.323035\times 0.51617440}{0.323035\times 0.51617440+0.676965\times 0.91543624} \\
&= 0.2120
\end{aligned}
$$

因而可以得出女性乘客存活的条件概率高于男性乘客的结论。同理，经计算可以得到如下结论：头等舱乘客存活的条件概率最高；未成年乘客存活的条件概率高于成年人。

这些数据直观地展示了朴素贝叶斯分类器是如何通过这三个特征来判断是否存活的逻辑，并且也使我们对数据有了更加清晰的认识。接下来我们来检验一下这个模型的效果。

```
>pred = predict(model, Titanic_dataset)
>table(pred， Titanic_dataset$Survived)
    pred      No    Yes
      No    1364    362
      Yes    126    349
```

我们可以从上面的混淆矩阵中看到，在 1490 个负样本中有 1364 个被正确地判断出，在 711 个正样本中有 349 个被正确地判断出。总体而言，模型对于负样本的判定，也就是人员未存活下来的事件判断得更加准确，模型整体的准确率在 77.8%的水平。通过这个案例，我们分析了朴素贝叶斯分类器是如何通过对条件概率的建模来完成分类任务的。

案例 2 将朴素贝叶斯分类器应用在一个特征数量更多的数据集上，该数据集描述了美国大选时选民的投票结果，试图利用朴素贝叶斯分类器根据选民自身的条件来对他最后的投票选择进行预测。该数据对选民不同的条件信息进行了脱敏处理，只能看到对应的结果但无法知道这些条件具体的内容。

R 语言代码实操及相关分析：

```
>install.packages("mlbench")
>library(mlbench)
>data(HouseVotes84, package = "mlbench")
```

我们直接对该数据进行建模

```
>model = naiveBayes(Class～., data = HouseVotes84)
```

由于这些数据已经进行脱敏处理，无法获取 V1～V16 的具体含义，我们难以通过观察条件概率来推测出具体的逻辑，所以这里直接对模型进行进一步的评估。

```
>pred = predict(model, HouseVotes84)
>table(pred, HouseVotes84$Class)
```

```
pred              democrat    republican
   democrat          238            13
   republican         29           155
```

通过观察混淆矩阵可以发现，模型从 267 个 democrat 样本中正确判定了 238 个，168 个 republican 样本中正确判定了 155 个，总体的正确率为 90.3%。对比朴素贝叶斯在泰坦尼克数据集上的正确率 77.8%，我们可以推断出，当朴素贝叶斯分类器可以输入的特征数量更多时，可以对结果进行更多维度上的条件概率建模，从而对于正确结果的拟合能力就会变强。

6.5.2　贝叶斯信念网络分类器的应用——基于 R 语言

案例 3　应用贝叶斯信念网络来解决部分统计中的印度人民是否患有糖尿病的分类问题。根据这部分印度人民的健康指标，如：孕激素水平、血糖水平、血压等，来预测是否患有糖尿病。

R 语言代码实操及相关分析：

首先读取 mlbench 包中的 PimaIndiansDiabetes2 的数据集，由于后续建模要求数据中不能存在空值，我们这里用 bagImpute 的方法对缺失值进行填充。

```
>install.packages("bnlearn")
>install.packages("caret")
>library(bnlearn)
>library(caret)
>data(PimaIndiansDiabetes2, package = "mlbench")
#处理缺失值
>preproc = preProcess(PimaIndiansDiabetes2[-9], method = "bagImpute")
>data = predict(preproc, PimaIndiansDiabetes2[-9])
>data$Class = PimaIndiansDiabetes2[, 9]
```

由于数据当中变量存在的形式为连续值，而概念模型是不能直接对连续型变量进行建模的，因此我们先将其进行离散化。

```
>data2 = discretize(data[-9], method = 'quantile')
>data2$class = data[, 9]
```

然后我们用 hill climbing 的算法从数据中提取结构，调整结构中变量的流动方向，再基于该结构对数据集进行拟合。这里直接对模型预测的结果进行评估，输出混淆矩阵。

```
>bayesnet = hc(data2)
```

```
>bayesnet = set.arc(bayesnet, 'age', 'pregnant')
# 模型拟合
>fitted = bn.fit(bayesnet, data2, method = 'mle')
>pre = predict(fitted, data = data2, node = 'class')
>confusionMatrix(pre, data2$class)
Confusion Matrix and Statistics

          Reference
Prediction   neg   pos
       neg   408   107
       pos   92    161

               Accuracy: 0.7409
                 95% CI: (0.7084, 0.7715)
    No Information Rate: 0.651
    P-Value [Acc>NIR]: 5.581e-08
                  Kappa: 0.4222

 Mcnemar's Test P-Value: 0.321

            Sensitivity: 0.8160
            Specificity: 0.6007
         Pos Pred Value: 0.7922
         Neg Pred Value: 0.6364
             Prevalence: 0.6510
         Detection Rate: 0.5312
   Detection Prevalence: 0.6706
      Balanced Accuracy: 0.7084

       'Positive' Class: neg
```

首先，混淆矩阵揭露了模型拟合时候存在的一个问题，那就是模型会将相当大一部分正样本错误地判别成负样本（概率为 107/268 = 39.9%），而对于负样本的判定则比较精确，可以达到 81.6%（=408/500）的水平，说明贝叶斯信念网络在这里受到了样本不均衡问题的影响。最终结果表明该模型的准确率在 74.09%的水平。

案例 4 应用贝叶斯信念网络对一个多分类数据集 Iris 进行分类。根据鸢尾花卉的 4 个不同属性：花萼长度、花萼宽度、花瓣长度、花瓣宽度，来预测鸢尾花卉属于三个种类（Setosa，Versicolor，Virginica）中的哪一类。

R 语言代码实操及相关分析：

前面讨论的数据集面向的都是二分类问题，这里对多分类问题进行尝试。处理 Iris 数据的步骤与案例 3 类似，将 Iris 数据用贝叶斯信念网络模型进行拟合后输出混淆矩阵等信息。

```
>data = iris
>data = discretize(data, method = 'quantile')
>net = hc(data)
>fitted = bn.fit(net, data)
>fitted
>pre = predict(fitted, data = data, node = 'Species')
>confusionMatrix(pre, data$Species)
            Reference
Prediction  setosa    versicolor  virginica
  setosa      50          0           0
  versicolor   0         48           4
  virginica    0          2          46
```

从混淆矩阵中可以发现，模型对于 Setosa 的判断准确率可以达到 100%，对于另外两类的准确率也非常高，总体的准确率达到了 96%的水平。这一结果在某种程度上说明了贝叶斯信念网络在拟合能力上的优势。

6.6　小　　结

本章介绍了监督学习中的贝叶斯分类算法问题，并分节讨论了贝叶斯分类的基础贝叶斯定理、贝叶斯分类中两种重要的分类器——朴素贝叶斯分类和贝叶斯信念网络分类，并分别进行了应用分析，简要阐述了两类重要分类器的特性及应用前景。在实际应用操作中，应该依据需要进行分析的数据集特征对分类器进行合理选择。

思考题与练习题

1. 简述朴素贝叶斯分类器与贝叶斯信念网络的区别。

2. 试由表 6-3 的训练数据学习一个朴素贝叶斯分类器并确定 $x=(2,S)^{\mathrm{T}}$ 的类标记 Y。表中 $X^{(1)}$、$X^{(2)}$ 为特征，取值的集合分别为 $A_1=\{1,2,3\}$，$A_2=\{S,M,L\}$，Y 为类标记，$Y\in C=\{1,-1\}$。

表 6-3 训练数据

	1	2	3	4	5	6	7	8	9	10	11	12	13	14	15
$X^{(1)}$	1	1	1	1	1	2	2	2	2	2	3	3	3	3	3
$X^{(2)}$	S	M	M	S	S	S	M	M	L	L	L	M	M	L	L
Y	−1	−1	1	1	−1	−1	−1	1	1	1	1	1	1	1	−1

3. 利用贝叶斯信念网络分类器进行心血管疾病及其成因的相关学习。请利用接下来的描述，进行网络拓扑结构的描绘及相关概率表的绘制。将心血管疾病及其成因进行简化，假设只有三种状态，心血管疾病 A 、高血脂 B 及家族病史 C ，并且每个状态只有“有”和“无”两种状态。家族病史影响心血管疾病和高血脂，高血脂影响心血管疾病。有家族病史的概率为 20%，有家族病史并患有高血脂的概率为 40%，没有家族病史且不患高血脂的概率为 90%；家族病史与高血脂的状态同时为“有”时，患有心血管疾病的概率为 90%，状态同时为“无”时，概率为 10%，一个为“有”一个为“无”时，概率均为 40%。

第 7 章　支持向量机

【学习目标】了解支持向量机分类算法的基本原理和主要类型，以及不同类型支持向量机之间的异同。掌握不同类型支持向量机建模的核心思想和操作过程。熟练掌握 R 语言中支持向量机的常用函数、应用过程和对实验结果的解读，能够正确运用支持向量机方法实现数据分类预测。

7.1　支持向量机简介

支持向量机（support vecter machine，SVM）是一类基于监督学习方式对数据进行二元分类的广义线性分类器，常用于解决小样本、非线性、高维等分类问题。

7.1.1　支持向量机基本原理

支持向量机算法是一种以统计学习理论为基础的数据挖掘方法。与传统统计学不同，支持向量机算法以结构风险最小归纳原理为基本原则，不仅解决了传统统计建模中经验风险与期望风险不一致的问题，还解决了学习机器的复杂性与泛化能力之间的矛盾问题，为有限样本或小样本情况下获得具有优异泛化能力的学习机器提供了可能。

1. 结构风险最小归纳原理

结构风险最小归纳原理，主要包括一致性原理、边界原理和结构风险最小化原理。其中边界原理主要涉及 VC 维（vapnik-chervonenkis dimension）原理与泛化误差界原理。

1）一致性

假定 $(x_1, y_1), (x_2, y_2), \cdots, (x_i, y_i)$ 是按照概率分布函数 $F(x, y)$ 得到的独立同分布的观测样本集合，$f(x, \alpha_l)$ 是函数集 Γ 中使得经验风险 $R_{\text{emp}}(\alpha_l)$ 最小化的预测函数。若对任意的 $\varepsilon > 0$，有

$$\lim_{l \to \infty} P\{[R(\alpha_l) - \inf_{f \in \Gamma} R(\alpha)] > \varepsilon\} = 0 \tag{7-1}$$

$$\lim_{l \to \infty} P\{[R_{\text{emp}}(\alpha_l) - \inf_{f \in \Gamma} R(\alpha)] > \varepsilon\} = 0 \tag{7-2}$$

则称经验风险最小化原理对于函数集和概率分布是一致的。

一致性原理是指当训练样本数目趋于无穷大时，经验风险的最优值收敛到真实风险最优值的原理。该原理反映的是经验风险与期望风险之间的关系，是统计学习理论的基础，也是结构风险最小归纳原理与传统统计学的联系所在。只有满足一致性条件，才能说明方法有效。另外，进行反向理解，可以知道如果经验风险最小化是一致的，那么它必须提供

一个函数序列 $f(x,a_l), l=1,2,\cdots$，使得期望风险和经验风险收敛到一个可能的最小风险值。由此引出经验风险最小化原则一致性的充分必要条件。

设存在常数 A 和 B，使得对于函数集 $\Gamma=\{f(x,\alpha)\mid\alpha\in\Lambda\}$ 的所有函数和给定的概率分布 $F(x,y)$，有下列不等式成立：

$$A\leqslant\int L[y,f(x,\alpha)]\mathrm{d}F(x,y)\leqslant B,\alpha\in\Lambda \tag{7-3}$$

则经验风险最小化原则一致性的充分必要条件为，经验风险 $R_{\text{emp}}(\alpha_l)$ 在整个函数集 Γ 上的一致单边收敛到期望风险 $R(\alpha)$，即

$$\lim_{l\to\infty}P\{\sup[R(\alpha)-R_{\text{emp}}(\alpha_l)]>\varepsilon\}=0,f\in\Gamma,\forall\varepsilon>0 \tag{7-4}$$

经验风险最小化原则一致性的充分必要条件的提出，将学习一致性问题转化为一致收敛问题，为结构风险最小化提供了理论基础。但是，由于定理中未明确满足条件的函数的具体要求，也未明确如何对事件 $\sup[R(\alpha)-R_{\text{emp}}(\alpha_l)]>\varepsilon,f\in\Gamma$ 出现的概率进行估计，因此引入了边界理论中的 VC 维的概念。

2）VC 维

对于一个指示函数集，如果存在 h 个样本能够被函数集里的函数按照所有可能的 2^k 种组合分成两类，则称函数集能够把样本数为 h 的样本集打散，其中函数集能打散的最大样本数目 h 即为 VC 维。

VC 维是目前为止所有描述函数集学习性能的指标中最好的一个，在计算函数集与分布无关的泛化能力解中起着重要作用。一般来说，若对任意数目的样本，函数集下都有函数能将他们打散，则称函数集的 VC 维是无穷大的。其值越大，则学习机器复杂度越高。由于 VC 维的确定不仅受函数集本身的影响，还受学习算法等其他因素的影响，因此，关于任意函数集 VC 维的通用计算难度较大，目前仍在研究中，仅有部分特殊函数集的 VC 维可以被求出。所以在实际操作中，应尽可能避免直接求解 VC 维。

3）泛化误差界

统计学习理论从 VC 维的概念出发，推导出关于经验风险和期望风险之间关系的重要结论，即泛化误差界。

对于任意 $\alpha\in\Gamma$，其中 Γ 是抽象参数集合，以至少 $1-\eta$ 的概率满足下列不等式：

$$R(\alpha)\leqslant R_{\text{emp}}(\sigma)+\phi(h/l) \tag{7-5}$$

其中，$\phi(h/l)=\sqrt{\dfrac{h[\ln(2l/h)+1]-\ln(\eta/4)}{l}}$；$R_{\text{emp}}(\alpha)$ 表示经验风险；$\phi(h/l)$ 表示置信风险；l 表示样本个数；参数 h 表示一个函数集合的 VC 维。

通过泛化误差界定理可以得出，期望风险是由经验风险和置信风险两部分组成的。其中经验风险指的是由学习误差引起的损失，置信风险则指的是函数集 VC 维的增函数。根据定理可以看出，当 h/l 较小时，期望风险主要由经验风险决定，此时只要按传统统计学习方法进行经验风险最小化处理即可。但是，当 h/l 较大时，期望风险就不只是由经验风险决定的了，此时必须同时考虑经验风险与置信风险，也就是结构风险。

4）结构风险最小归纳

当假定样本数目 l 不变时，控制期望风险的参数只有两个——经验风险 $R_{\text{emp}}(\alpha)$ 和 VC

维 h。其中经验风险主要依赖于所选函数 $f(\alpha,x)$，可以用 α 进行控制。VC 维主要依赖于所使用的函数集合，需要通过对函数集结构化进行控制，即考虑函数的嵌套结构：

$$S_1 \subset S_2 \subset \cdots \subset S_k \subset \cdots \subset S_n，其中 S_k = \{f(x,\sigma) \mid \sigma \in \Gamma_k\}，且有 S^* = \bigcup^k S_k \tag{7-6}$$

在嵌套结构中，任何元素 S_k 都拥有一个有限的 VC 维 h，且 $h_1 \leqslant h_2 \leqslant \cdots \leqslant h_n$。当给定一组样本时，从 S_k 中选择一个函数对经验风险进行最小化，在此基础上，利用 S_k 确保置信风险是最小的，则得到的经验风险与置信风险之和最小的子集即为结构风险最小化的最优结果。其核心思想即为结构风险最小化归纳思想，支持向量机就是这种思想的具体体现。

2. *最大边缘超平面原理*

支持向量机是在 VC 维和结构风险最小原理的基础上发展起来的一种机器学习方法。其基础原理为最大边缘超平面原理。其中超平面是指 n 维欧氏空间中余维度等于 1 的线性子空间，即必须是 $(n-1)$ 维度，如平面中的直线、空间中的平面等。边缘指的是每类距离超平面最近的样本到超平面的距离之和。而最大边缘超平面则指的是使得边缘最大的超平面。

在实际操作中，进行分类时往往有无穷多个超平面可以将不同类别进行区分，如图 7-1 所示。两个不同类别的样本，分别运用方块和圆圈进行标识。假定数据线性可分，则可以得到无穷多个超平面对其进行分类。

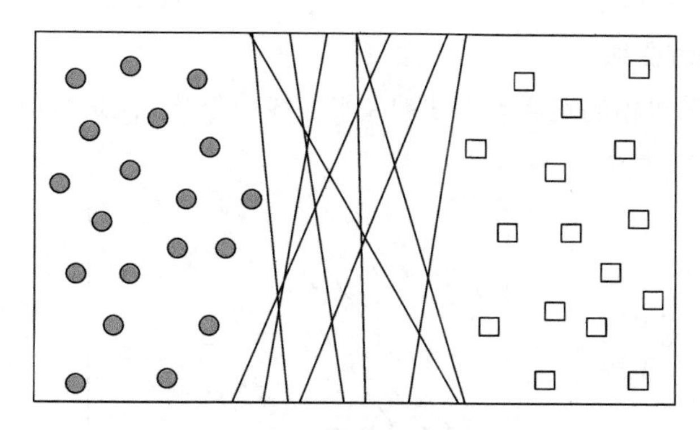

图 7-1　一个线性可分数据集中可能的超平面

虽然这些超平面的训练误差均为零，但是它们在测试样本上的运行效果却参差不齐。为了更好地解释不同超平面对泛化误差的影响，从图 7-1 中挑选出其中两个超平面 B_1 和 B_2 进行具体分析，并用 b_{i1} 和 b_{i2} 表示超平面对应的两个边界，如图 7-2 所示。

根据图 7-2 可以看出，B_1 的边缘远大于 B_2 的边缘，由于 B_2 的边缘更小，因此当受到扰动时，B_2 对应的分类器对模型过度拟合更加敏感，在测试样本上的泛化能力也就越差。因此，为提升模型的泛化能力，在实际操作中我们应该选择在满足正确分类训练样本的前提下，边缘最大的超平面作为分类器，这也是最大边缘超平面原理的根本内涵。在示例中，B_1 就是该模型的最大边缘超平面。

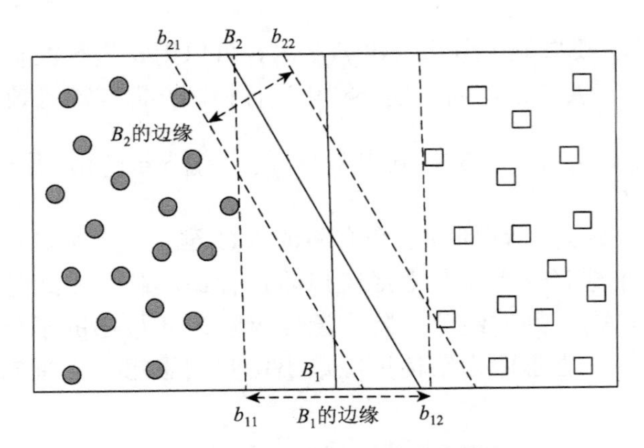

图 7-2　不同超平面的边缘图

7.1.2　支持向量机的分类

根据最大边缘超平面的不同类型，一般可以将支持向量机分为线性支持向量机和非线性支持向量机两种。

1. 线性支持向量机

线性支持向量机包括线性可分支持向量机和线性不可分支持向量机两种。其中线性可分支持向量机指的是样本之间完全不交融，可以被超平面完全线性分开，如图 7-3 所示。

线性不可分支持向量机则指的是样本间存在一定的交融，因此超平面不能完全正确地将样本分开，如图 7-4 所示。

2. 非线性支持向量机

非线性支持向量机指的是样本无法被超平面线性分开，但是可能能被非线性分开，如曲线、曲面等，如图 7-5 所示。

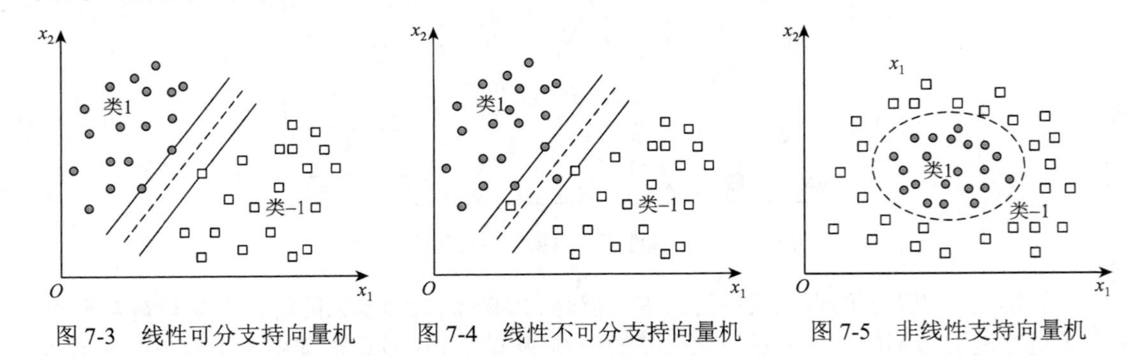

图 7-3　线性可分支持向量机　　图 7-4　线性不可分支持向量机　　图 7-5　非线性支持向量机

接下来将分别对两种类型的支持向量机进行具体的讲解。

7.2　线性支持向量机

线性支持向量机是基于寻找最大超平面来实现的，因此也经常被称为最大边缘分类器。接下来具体介绍两种线性支持向量机的基本原理与求解过程。

7.2.1 线性可分支持向量机

在进行线性可分支持向量机的介绍前，首先要明确一些基本概念。在 7.1.1 节介绍最大超平面原理的过程中，我们假定其中两个超平面为 B_1 和 B_2，并用 b_{i1} 和 b_{i2} 表示超平面对应的两个边界。在实际操作中，为方便进行计算，将 B_i 定义为线性决策边界，并将 b_{i1} 到 b_{i2} 的距离定义为线性分类器边缘。两者的具体定义如下。

1. 线性决策边界

考虑一个包含 N 个训练样本的二元分类器。每个样本可以表示为一个二元组 (X_i, y_i)，$i=1,2,\cdots,N$，其中 $X_i=(x_{i1},x_{i2},\cdots,x_{id})^{\mathrm{T}}$，对应于第 i 个样本的属性集。为方便计算，令 $y_i\in\{-1,1\}$ 表示它的类标号，则线性分类器的决策边界可以写成如下形式：

$$W\cdot X+b=0 \tag{7-7}$$

其中，用 W 和 b 表示模型的参数，W 的方向垂直于决策边界。

对于任何位于决策边界上方的样本 X_u，可得

$$W\cdot X_u+b=k,\quad k>0 \tag{7-8}$$

同理，对于任何位于决策边界下方的样本 X_d，可得

$$W\cdot X_d+b=k',\quad k'<0 \tag{7-9}$$

具体情况如图 7-6 所示。

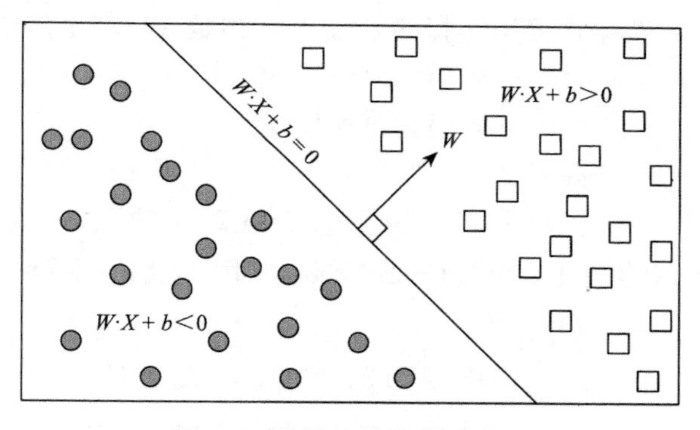

图 7-6 线性决策边界示意图

如果将所有决策边界上方样本的类标记为 +1，所有决策边界下方样本的类标记为 −1，则可以运用式（7-10）预测任何测试样本 Z 的类标号 y。

$$y=\begin{cases}1, & W\cdot Z+b>0\\ -1, & W\cdot Z+b<0\end{cases} \tag{7-10}$$

2. 线性分类器边缘

决策边界对应的两个超平面分别位于决策边界上方和下方，结合式（7-8）和式（7-9），并调整参数 W 和 b，则这两个超平面 b_{i1} 和 b_{i2} 可以分别表示为

$$\begin{aligned} b_{i1}:\ & W\cdot X+b=1\\ b_{i2}:\ & W\cdot X+b=-1 \end{aligned} \tag{7-11}$$

令 X_1 为 b_{i1} 上一个数据点，X_2 为 b_{i2} 上一个数据点，将两个点代入式（7-11）中，则该线性分类器的边缘 d 如式（7-12）所示。具体情况如图 7-7 所示。

$$\begin{aligned}&W\cdot(X_1-X_2)=2\\&\Rightarrow\|W\|\times d=2\\&\Rightarrow d=\frac{2}{\|W\|}\end{aligned}\tag{7-12}$$

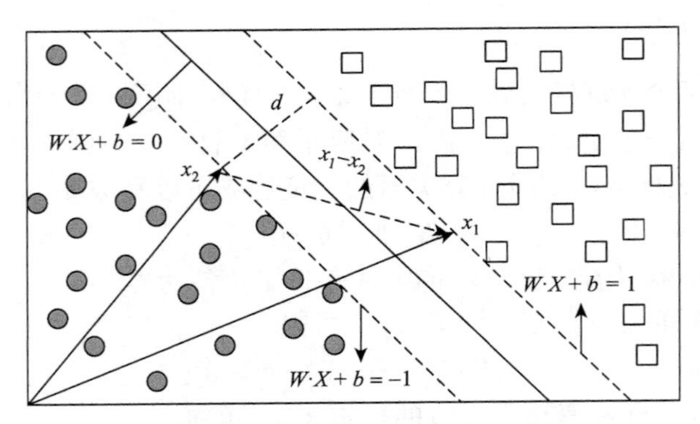

图 7-7　线性分类器边缘示意图

3. 线性可分支持向量机模型建立

线性可分情况下，决策边界所选择的参数 W 和参数 b 应满足两个条件：

$$\begin{cases}W\cdot X_i+b\geqslant 1, & y_i=1\\W\cdot X_i+b\leqslant 1, & y_i=-1\end{cases}\tag{7-13}$$

将两个条件概括成一个条件，即

$$y_i(W\cdot X_i+b)\geqslant 1,\quad i=1,2,\cdots,N\tag{7-14}$$

在式（7-14）的约束条件下，求解最大化间隔，则可以将问题等价于一个模型优化问题。

$$\begin{aligned}&\max_{W,b}\quad d\\&\text{s.t.}\quad y_i(W\cdot X_i+b)\geqslant 1,\quad i=1,2,\cdots,N\end{aligned}\tag{7-15}$$

根据边缘 d 的定义可知，欲使 d 的值最大，则应使 $\|W\|$ 的值最小。为方便计算，取 $\tau(W)=\frac{1}{2}\|W\|^2$，则 $\tau(W)$ 最小时满足 $\|W\|$ 最小，此时边缘 d 最大。故最终可以将模型转化为一个典型的线性约束凸二次规划问题。

$$\begin{aligned}&\min_{W,b}\quad \frac{1}{2}\|W\|^2\\&\text{s.t.}\quad y_i(W\cdot X_i+b)\geqslant 1,\quad i=1,2,\cdots,N\end{aligned}\tag{7-16}$$

4. 线性可分支持向量机模型求解

接下来就需要运用最优化问题的相关知识来进行求解。由于模型为凸优化问题，因此可以通过使用标准的拉格朗日乘子（lagrange multiplier）方法进行求解。

1）构建拉格朗日函数

首先引入拉格朗日乘子 $\alpha_i \geqslant 0$，$i = 1,2,\cdots,N$，并将目标函数与约束条件改写为拉格朗日函数：

$$L(W,b,\alpha) = \frac{1}{2}\|W\|^2 - \sum_{i=1}^{N}\alpha_i[y_i(W \cdot X_i + b) - 1] \tag{7-17}$$

2）构建对偶拉格朗日模型

对拉格朗日函数关于 W 和 b 求偏导，得到 W 和 b 的极小值并代入式（7-17），最终得出最小化拉格朗日函数。

$$\begin{aligned} &\frac{\partial L}{\partial W} = 0 \Rightarrow W = \sum_{i=1}^{N}\alpha_i y_i X_i \\ &\frac{\partial L}{\partial b} = 0 \Rightarrow \sum_{i=1}^{N}\alpha_i y_i = 0 \end{aligned} \tag{7-18}$$

$$L = \sum_{i=1}^{N}\alpha_i - \frac{1}{2}\sum_{i=1}^{N}\sum_{j=1}^{N}\alpha_i\alpha_j y_i y_j (X_i X_j) \tag{7-19}$$

将拉格朗日函数转化为仅含拉格朗日乘子的函数的过程也称为对偶问题，因此线性可分支持向量机的模型最终可转化为对偶拉格朗日模型的形式。

$$\begin{aligned} \max \quad & \sum_{i=1}^{N}\alpha_i - \frac{1}{2}\sum_{i=1}^{N}\sum_{j=1}^{N}\alpha_i\alpha_j y_i y_j (X_i X_j) \\ \text{s.t.} \quad & \sum_{i=1}^{N}\alpha_i y_i = 0,\ \alpha_i \geqslant 0,\ i = 1,2,\cdots,N \end{aligned} \tag{7-20}$$

3）确定最优拉格朗日乘子

由于该对偶问题仍然是线性约束的凸二次优化问题，因此存在唯一的最优解 α^*。根据约束优化问题的 KKT（Karush-Kuhn-Tucker）条件，为最优解 α^* 时，应满足如下条件：

$$\alpha_i^*(y_i(W^* \times X_i + b^*) - 1) = 0,\ i = 1,2,\cdots,N \tag{7-21}$$

在模型中，只有少部分训练样本 X_i 满足 $y_i(W^* \times X_i + b^*) - 1 = 0$ 的条件。这部分样本的拉格朗日乘子 $\alpha_i^* > 0$，通常位于决策边界对应的超平面 b_{i1} 和 b_{i2} 上，我们把它们称为支持向量，如图 7-8 所示。

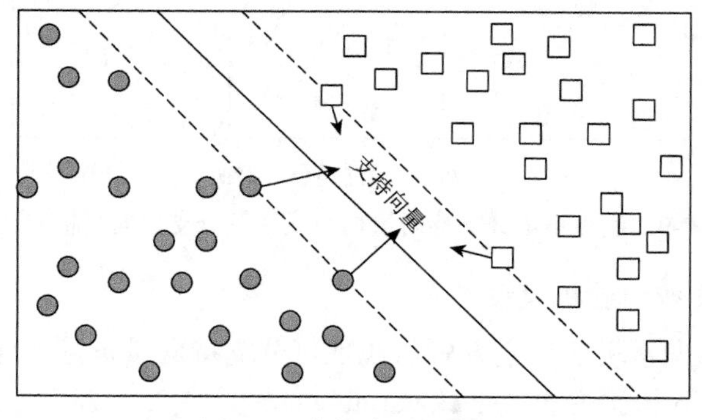

图 7-8　支持向量示意图

4）确定最优决策函数并进行预测

根据式（7-18）、式（7-19）和式（7-21）及图 7-8 可以看出，最大间隔超平面$W^* \cdot X_i + b^* = 0$仅由支持向量决定，与其他训练样本无关。则最优的决策函数为

$$\begin{aligned} f(X) &= \mathrm{Sign}(b^* + W^* \cdot X) \\ &= \mathrm{Sign}\left(b^* + \sum_{i=1}^{N}(\alpha_i y_i X_i)X\right) \\ &= \mathrm{Sign}\left(b^* + \sum_{i=1}^{N}\alpha_i y_i (X \cdot X_i)\right) \end{aligned} \tag{7-22}$$

其中，X_i 表示支持向量；Sign 表示求正负符号。对于一个新的预测样本 X^m，其类别预测的结果由决策函数的正负号决定。当 $f(X^m)$ 的符号为正时，$\hat{y}^m = 1$；反之，当 $f(X^m)$ 的符号为负时，$\hat{y}^m = -1$。

至此，关于线性可分支持向量机的求解与预测就全部结束了。由于线性可分支持向量机条件严苛，要求可以将所有样本正确分类，因此一般也称之为线性硬间隔支持向量机。与之相对应的是线性软间隔支持向量机，也就是线性不可分支持向量机。接下来就来讲解如何对线性不可分支持向量机进行求解与预测。

7.2.2　线性不可分支持向量机

在实际操作中，并不是所有的硬间隔支持向量机都是最优的模型，如图 7-9 所示。虽然决策边界 B_2 可以将样本完全正确分类，而决策边界 B_1 却出现了一定的误差，但这并不代表 B_2 是比 B_1 更好的模型，因为这几个被误判的样本很可能只是训练样本中的噪声。此时更优的决策边界可能不是 B_2，而是出现了误判的 B_1。这也就是线性不可分支持向量机存在的实际意义。

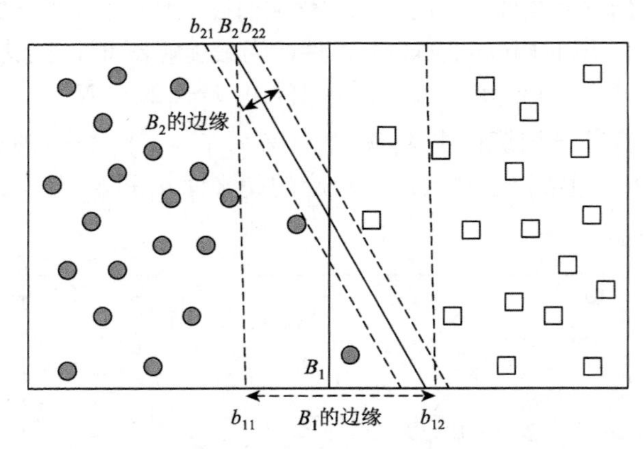

图 7-9　线性不可分支持向量机与线性可分支持向量机对比图

1. 线性不可分支持向量机模型建立

线性不可分支持向量机的建模方式与线性可分支持向量机基本保持一致，只是在处理约束条件时，需要引入松弛变量（slack variable）ξ，$i = 1, 2, \cdots, N$，以此来放宽不等式的约束条件。此时，误判样本到决策边界对应超平面的距离为$\xi \| W \|$，如图 7-10 所示。

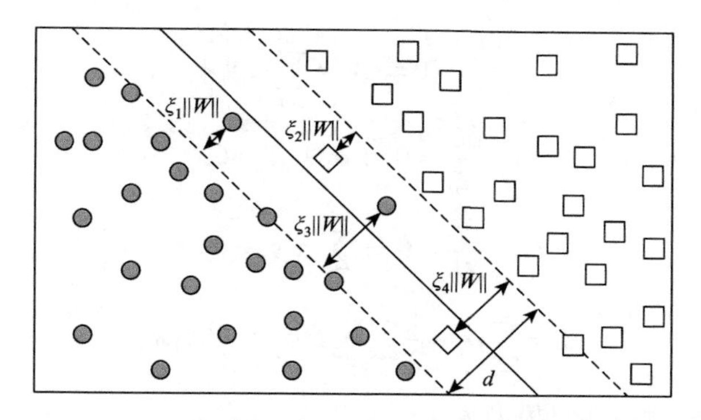

图 7-10 线性不可分支持向量机松弛变量示意图

此时决策边界所选择的参数 W 和参数 b 应满足两个条件：

$$
\begin{aligned}
&W\cdot X_i+b\geqslant 1-\xi_i,\ y_i=1\\
&W\cdot X_i+b\leqslant 1+\xi_i,\ y_i=-1
\end{aligned}
\tag{7-23}
$$

对应的约束条件为

$$
y_i(W\cdot X_i+b)\geqslant 1-\xi_i,\ i=1,2,\cdots,N \tag{7-24}
$$

与线性可分支持向量机不同，线性不可分支持向量机对应的优化问题还需要考虑松弛变量的和项 $\sum_{i=1}^{N}\xi_i$ 。这是因为 $\sum_{i=1}^{N}\xi_i$ 与样本分类错误相关并且体现了经验风险，因此必须限制它的大小，此时，最大间隔分类器对应的优化问题为

$$
\begin{aligned}
&\min_{W,b,\xi_i}\ \frac{1}{2}\|W\|^2+C\left(\sum_{i=1}^{N}\xi_i\right)^k\\
&\text{s.t.}\quad y_i(W\cdot X+b)\geqslant 1-\xi_i,\ \xi_i\geqslant 0,\ i=1,2,\cdots,N
\end{aligned}
\tag{7-25}
$$

其中，常实数 $C>0$ 和 k 为罚参数，表示对误分训练样本的惩罚，在分类器的复杂度与经验风险之间起权衡的作用。为简化该问题，一般来说假定 $k=1$，在接下来的讲解中均以此假定为准。至此，线性不可分支持向量机模型的构建就结束了，接下来开始进行求解。

2. 线性不可分支持向量机模型求解

1）构建拉格朗日函数

引入拉格朗日乘子得到优化问题对应的拉格朗日函数：

$$
L(W,b,\alpha,\xi_i)=\frac{1}{2}\|W\|^2+C\sum_{i=1}^{N}\xi_i-\sum_{i=1}^{N}\alpha_i[y_i(W\cdot X_i+b)-1+\xi_i]-\sum_{i=1}^{N}\mu_i\xi_i \tag{7-26}
$$

其中，$\sum_{i=1}^{N}\mu_i\xi_i$ 为对约束条件 $\xi_i\geqslant 0(i=1,2,\cdots,N)$ 的引入结果。

2）构建对偶拉格朗日模型

对拉格朗日函数关于 W 、b 和 ξ_i 求偏导，并得出最小化拉格朗日函数。

$$\frac{\partial L}{\partial W}=0\Rightarrow W=\sum_{i=1}^{N}\alpha_i y_i X_i$$

$$\frac{\partial L}{\partial \xi_i}=0\Rightarrow \alpha_i+\mu_i=C \tag{7-27}$$

$$\frac{\partial L}{\partial b}=0\Rightarrow \sum_{i=1}^{N}\alpha_i y_i=0$$

$$L=\sum_{i=1}^{N}\alpha_i-\frac{1}{2}\sum_{i=1}^{N}\sum_{j=1}^{N}\alpha_i\alpha_j y_i y_j(X_i X_j) \tag{7-28}$$

此时对应的对偶拉格朗日模型为

$$\max\ \sum_{i=1}^{N}\alpha_i-\frac{1}{2}\sum_{i=1}^{N}\sum_{j=1}^{N}\alpha_i\alpha_j y_i y_j(X_i X_j)$$

$$\text{s.t.}\ \sum_{i=1}^{N}\alpha_i y_i=0,\ i=1,2,\cdots,N \tag{7-29}$$

$$0\leqslant\alpha_i\leqslant C,\ i=1,2,\cdots,N$$

3）确定最优拉格朗日乘子

根据约束优化问题的 KKT 条件，优化对偶问题取最优解 α^* 时，应满足如下条件：

$$\alpha_i^*(y_i(W^*\cdot X_i+b^*)-1+\xi_i^*)=0,\ i=1,2,\cdots,N$$

$$(C-\alpha_i^*)\xi_i^*=0 \tag{7-30}$$

4）确定最优决策函数并进行预测

此时对应的最优决策边界的函数为

$$f(X)=\text{Sign}(b^*+W^*\cdot X)=\text{Sign}\left(b^*+\sum_{i=1}^{N}\alpha_i y_i(X\cdot X_i)\right) \tag{7-31}$$

与线性可分支持向量机一样，在得到对偶拉格朗日函数后，根据二次规划的原理便可得出最优决策边界，并根据符号的正负对分类结果进行预测。

以上就是线性支持向量机建模及求解的全部内容。接下来要介绍的是与线性支持向量机相对应的非线性支持向量机的建模及求解的过程。

7.3 非线性支持向量机

处理非线性支持向量机问题的核心思想是进行特征空间维度转化，将低维空间中的非线性支持向量机问题通过适当的非线性转换，转化为高维空间中的线性支持向量机问题，如图 7-11 所示。原本的样本处于二维空间，无法被线性分开，因此进行空间转换，将其转换到三维空间中。此时样本可以被一个平面线性分开，进而就可以使用线性支持向量机建模和求解的方法进行处理。

非线性空间转化是非线性支持向量机的核心步骤，需要使用一个非线性变换函数 Φ，将数据从原本的特征空间映射到一个新的空间，使得决策边界成为线性的。一般来说，最

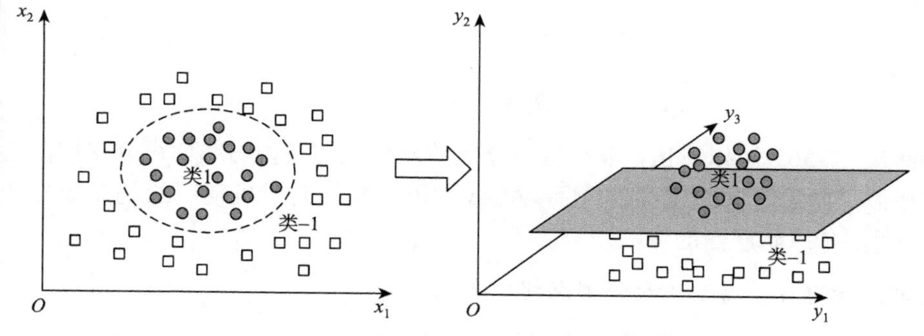

图 7-11　空间转化前后样本分布示意图

常见的非线性映射为原有输入变量组成的所有 n 阶交乘形式。例如，原本有两个输入变量 x_1 和 x_2，则由它们组成的所有 3 阶交乘项为 $x_1^3, x_1^2x_2, x_1x_2^2, x_2^3$，即非线性变换函数为

$$\Phi(x_1, x_2) = (x_1^3, x_1^2x_2, x_1x_2^2, x_2^3) \tag{7-32}$$

因此对应的超平面为式（7-33）所示的三阶多项式：

$$w_5x_1^3 + w_4x_1^2x_2 + w_3x_1x_2^2 + w_2x_2^3 + w_1 = 0 \tag{7-33}$$

但是这种方法存在一定的潜在问题。一方面，非线性转换函数 Φ 本身很难进行确定，想要准确定位到可以构成线性超平面的非线性转换函数 Φ 需要把数据变换到无限维空间中去进行筛选，这本身是一件难以实现的事情。另一方面，即便可以确定非线性转换函数 Φ，在高维度情况下也会出现严重的维数灾难问题。随着空间维度不断增加，超平面中被估参数的个数也不断增加。一般来说，对于一个 p 维特征空间，当它产生 n 阶交乘时，需要估计的参数个数为 $\dfrac{(p+n-1)!}{n!(p-1)!}$ 个。这意味着，维度的增加会导致计算的复杂程度急速增加，且模型的参数估计在小样本情况下几乎是无法实现的，这就是所说的维数灾难问题。为解决以上问题，引入核函数来对非线性支持向量机进行建模，在后面的讲解中会详细介绍这种函数。

非线性支持向量机也分为可分与不可分两种情况，接下来就分别从这两种情况对非线性支持向量机的建模与求解方法进行讲解。

7.3.1　非线性可分支持向量机

1. 非线性可分支持向量机模型建立

假定存在一个适当的非线性转换函数 $\Phi(X)$，则经过该函数的空间转换后，线性决策边界所对应的参数 W 和参数 b 应满足两个条件：

$$\begin{aligned} W \cdot \Phi(X_i) + b \geqslant 1,\ y_i = 1 \\ W \cdot \Phi(X_i) + b \leqslant 1,\ y_i = -1 \end{aligned} \tag{7-34}$$

将两个条件概括成一个条件，即

$$y_i(W \cdot \Phi(X_i) + b) \geqslant 1,\ i = 1, 2, \cdots, N \tag{7-35}$$

根据参数条件构建最大间隔分类器对应的优化模型：

$$\begin{aligned}&\min_{W,b}\ \frac{1}{2}\|W\|^2\\&\text{s.t.}\quad y_i(W\cdot\Phi(X_i)+b)\geqslant 1,\ i=1,2,\cdots,N\end{aligned}\tag{7-36}$$

根据式（7-36）可以看出，非线性可分支持向量机的模型与线性可分支持向量机的模型非常相似，两者之间最主要的区别为非线性可分支持向量机使用的是非线性转换函数 $\Phi(X)$，而不是原始层面的 X。

2. 非线性可分支持向量机模型求解

1）确定对偶拉格朗日模型

根据线性支持向量机中介绍的方法，引入拉格朗日乘子，构建拉格朗日函数，并对函数求偏导，得到最小化拉格朗日函数。此时对应的对偶拉格朗日模型如下：

$$\begin{aligned}&\max\ \sum_{i=1}^{N}\alpha_i-\frac{1}{2}\sum_{i=1}^{N}\sum_{j=1}^{N}\alpha_i\alpha_j y_i y_j(\Phi(X_i)\cdot\Phi(X_j))\\&\text{s.t.}\ \sum_{i=1}^{N}\alpha_i y_i=0,\ \alpha_i\geqslant 0,\ i=1,2,\cdots,N\end{aligned}\tag{7-37}$$

2）确定最优决策函数并进行预测

此时最优决策边界的函数为

$$f(X)=\mathrm{Sign}(b^*+W^*\cdot\Phi(X))=\mathrm{Sign}\left(b^*+\sum_{i=1}^{N}\alpha_i y_i(\Phi(X)\cdot\Phi(X_i))\right)\tag{7-38}$$

与线性可分支持向量机一样，根据式（7-38）中函数的符号即可对新样本进行预测。需要注意的是，不论是对偶拉格朗日模型还是最终求得的最优决策边界函数中，都涉及对空间转换后空间内向量对之间内积 $\Phi(X_i)\cdot\Phi(X_j)$ 的计算。这种内积通常用来度量两个输入变量之间的相似度，计算十分复杂，且可能会导致维数灾难的发生。为解决这一问题，就需要引入在前文中所提到的核函数。接下来具体介绍核函数的相关知识。

3. 核函数基本定义

假定非线性转换函数为 $\Phi(X_1,X_2)=(X_1^2,X_2^3,\sqrt{2}X_1,\sqrt{2}X_2,\sqrt{2}X_1X_2,1)$，则空间转换后空间内向量对之间的内积 $\Phi(u)\cdot\Phi(v)$ 可表示为

$$\begin{aligned}\Phi(u)\cdot\Phi(v)&=(u_1^2,u_2^3,\sqrt{2}u_1,\sqrt{2}u_2,\sqrt{2}u_1u_2,1)(v_1^2,v_2^3,\sqrt{2}v_1,\sqrt{2}v_2,\sqrt{2}v_1v_2,1)\\&=u_1^2v_1^2+u_2^3v_2^3+2u_1v_1+2u_2v_2+2u_1u_2v_1v_2+1\\&=(u\cdot v+1)^2\end{aligned}\tag{7-39}$$

根据式（7-39）可以看出，变换后空间中的内积可以用原空间中的相似性函数表示：

$$K(u,v)=\Phi(u)\cdot\Phi(v)=(u\cdot v+1)^2\tag{7-40}$$

式（7-40）中原空间里的相似性函数 $K(u,v)$ 即为核函数。

了解了核函数的基本定理之后，如何判断使用的核函数是否为有效核函数就成了重要的问题，Mercer 定理应运而生。

4. Mercer 定理

任何半正定的函数都可以作为核函数。半正定的函数 $f(x_i, x_j)$ 是指拥有训练数据集合 $(x_1, x_2, \cdots, x_n)$，且由这些数据构成的 $n \times n$ 维的元素 $\alpha_{ij} = f(x_1, x_2)$ 的矩阵为半正定的函数。

这就是著名的 Mercer 定理，该定理表明，为了证明 K 是有效的核函数，可以直接在训练集上求出各个 K_{ij}，然后判断矩阵 K 是否是半正定的即可，而不必去费力寻找非线性转换函数 Φ。

因此，式（7-37）所对应的对偶拉格朗日模型可以表示为

$$\begin{aligned} \max \quad & \sum_{i=1}^{N} \alpha_i - \frac{1}{2} \sum_{i=1}^{N} \sum_{j=1}^{N} \alpha_i \alpha_j y_i y_j K(X_i, X_j) \\ \text{s.t.} \quad & \sum_{i=1}^{N} \alpha_i y_i = 0,\ \alpha_i \geqslant 0,\ i = 1, 2, \cdots, N \end{aligned} \tag{7-41}$$

而式（7-38）所对应的最优决策边界的函数则可以表示为

$$f(X) = \text{Sign}(b^* + W^* \cdot \Phi(X)) = \text{Sign}\left(b^* + \sum_{i=1}^{N} \alpha_i y_i K(X, X_i)\right) \tag{7-42}$$

5. 核函数分类

在满足 Mercer 定理的条件下，核函数可以有多种形式。其中最常使用的有四种，分别为线性核函数、多项式核函数、径向基核函数和 sigmoid 核函数。

1）线性核函数

线性核函数是最简单的核函数，是通过直接计算两个输入特征向量的内积来进行映射的：

$$K(u, v) = u \cdot v \tag{7-43}$$

其主要用于线性可分的情况，在原始空间中寻找最优线性分类器时，具有参数少、速度快、简单高效、结果易解释等优势，因此对于线性可分数据集具有非常好的分类效果。其缺点是只适用于线性可分的数据集，而不适用于线性不可分的数据集。

2）多项式核函数

多项式核函数属于全局核函数，是通过多项式来作为特征映射函数的：

$$K(u, v) = ((u \cdot v) + 1)^d，\ d \text{ 为自然数} \tag{7-44}$$

其特点是可以实现将低维输入空间映射到高维特征空间的过程并拟合出复杂的分割超平面，可以适用于正交归一化的数据。其缺点为参数过多，尤其是当多项式阶数较高时，极易出现过拟合问题。

3）径向基核函数

径向基核函数属于局部核函数，是通过径向基函数来作为特征映射函数的：

$$K(u, v) = \exp(-\gamma \| u - v \|^2) \tag{7-45}$$

其中，径向基函数是指取值仅依赖于特定点距离的实值函数，即 $\Phi(x, y) = \Phi(\| x - y \|)$，一般来说使用的是欧氏距离。

在径向基核函数中最常用的是高斯径向基核函数，也称为高斯核函数，这是一种局部性强的核函数，其函数形式如式（7-46）所示。

$$K(u,v)=\exp\left(-\frac{\|u-v\|^2}{2\sigma^2}\right),\quad \sigma>0 \tag{7-46}$$

由于高斯核函数可以将样本映射到一个更高维的空间，且相对于多项式核函数使用的参数更少，因此是目前为止所有核函数中应用最为广泛的一个。另外，由于其在大样本与小样本的情况下都具有较好的分类性能，因此在大多数情况下，如果不知道该使用何种核函数时，可以优先选择高斯核函数。

4）sigmoid 核函数

sigmoid 核函数来源于神经网络，是通过 sigmoid 函数来作为特征映射函数的：

$$K(u,v)=\tanh(\alpha(u,v)+t) \tag{7-47}$$

其中，α 和 t 表示常数，tanh 表示 sigmoid 函数。

当使用 sigmoid 核函数时，支持向量机的实现其实就是一种多层感知器神经网络，因此也称为神经网络核函数，其被广泛运用于深度学习问题中。

除了以上四种常用的核函数外，还有很多其他形式的核函数，如傅里叶级数核函数、字符串核函数、小波核函数等。所有的核函数都是特定于具体应用而产生的优化算子，都具有着不同的特性，因此在进行选择时，需要根据具体情况进行具体分析。

7.3.2 非线性不可分支持向量机

1. 非线性不可分支持向量机模型建立

线性不可分情况下，假定存在一个适当的非线性转换函数 $\Phi(X)$，则经过该函数的空间转换后，线性决策边界所对应的参数 W 和参数 b 应满足两个条件：

$$\begin{aligned}&W\cdot\Phi(X_i)+b\geqslant 1-\xi_i,\ y_i=1\\&W\cdot\Phi(X_i)+b\leqslant 1+\xi_i,\ y_i=-1\end{aligned} \tag{7-48}$$

对应的约束条件为

$$y_i(W\cdot\Phi(X_i)+b)\geqslant 1-\xi_i,\ i=1,2,\cdots,N$$

此时，最大间隔分类器对应的优化问题为

$$\begin{aligned}&\min_{W,b,\xi_i}\ \frac{1}{2}\|W\|^2+C\left(\sum_{i=1}^{N}\xi_i\right)^k\\&\text{s.t.}\quad y_i(W\cdot\Phi(X)+b)\geqslant 1-\xi_i,\ \xi_i\geqslant 0,\ i=1,2,\cdots,N\end{aligned} \tag{7-49}$$

其中，常实数 $C>0$ 和 k 表示罚参数。和线性不可分支持向量机一样，在接下来的讲解中均假定 $k=1$。至此，非线性不可分支持向量机模型的建立就完成了，接下来开始进行求解。

2. 非线性不可分支持向量机模型求解

1）确定对偶拉格朗日模型

根据线性不可分支持向量机中介绍的方法，引入拉格朗日乘子，构建拉格朗日函数，并对函数求偏导，得到最小化拉格朗日函数。此时对应的对偶拉格朗日模型为

$$
\begin{aligned}
&\max \quad \sum_{i=1}^{N}\alpha_i-\frac{1}{2}\sum_{i=1}^{N}\sum_{j=1}^{N}\alpha_i\alpha_j y_i y_j (X_i X_j) K(X_i,X_j)\\
&\text{s.t.} \quad \sum_{i=1}^{N}\alpha_i y_i=0,\ i=1,2,\cdots,N \\
&\qquad\ \ 0\leqslant\alpha_i\leqslant C,\ i=1,2,\cdots,N
\end{aligned}
\tag{7-50}
$$

2）确定最优决策函数并进行预测

此时最优决策边界的函数为

$$
f(X)=\text{Sign}(b^*+W^*\cdot\Phi(X))=\text{Sign}\left(b^*+\sum_{i=1}^{N}\alpha_i y_i K(X,X_i)\right) \tag{7-51}
$$

与线性不可分支持向量机一样，可以根据最优决策边界符号的正负对分类结果进行预测。

以上就是不同类别支持向量机建模及求解的全部内容。接下来将结合实例介绍支持向量机在 R 软件中的实际操作。

7.4 基于 R 语言的支持向量机建模

7.4.1 R 语言中常用的支持向量机函数

在 R 语言中，可以实现支持向量机的包有很多。例如 e1071 包、kernlab 包、klaR 包和 svmpath 包等。其中最常用的是 e1071 包。这里重点介绍 e1071 包中的 svm 和 tune.svm 两个函数。

1. svm 函数

该函数主要用于支持向量机分类、支持向量机回归以及异常点检测等。基本函数形式如下：

svm（formula，data = 数据框名称，scale = TRUE/FALSE，type = 支持向量机类别，kernel = 核函数类别，gamma = g，degree = d，cost = C）

其中，主要参数含义如下。

（1）formula：设置所要训练的输出变量与输入变量。

（2）data：用于确定数据，数据是由输入变量与输出变量组成的数据框。

（3）scale：用于确定是否对数据进行标准化处理。

（4）type：用于确定支持向量机的类别，可取值有“C-classification”、“nu-classification”、“one-classification”、“eps-regression”和“nu-regression”。这五种类别中，前三种是针对于字符型结果变量的分类方式，后两种则是针对数值型结果变量的分类方式。

（5）kernel：用于确定核函数的类别，可取值有“linear”、“polynomial”、“radial”或“sigmoid”，分别对应线性核函数、多项式核函数、径向基核函数和 sigmoid 核函数。

（6）gamma：用于指定径向基核函数中的参数 γ。该参数隐含地决定了数据映射到新的特征空间后的分布。一般来说，gamma 值越大，支持向量数越少；反之，gamma 值越小，则支持向量数越大。

（7）degree：用于指定多项式核函数的阶数。

（8）cost：用于指定损失惩罚参数 C，可与任意核函数搭配。

2. tune.svm 函数

该函数主要用于自动实现十折交叉验证，以便得到预测误差最小时的参数值。其基本函数形式如下：

tune.svm（formula，data = 数据框名称，scale = TRUE/FALSE，type = 支持向量机类型，kernel = 核函数类别，gamma = g，degree = d，cost = C）

其中，formula、data、scale、type 和 kernel 五个参数的用法与 svm 函数完全一致。gamma、degree 和 cost 三个参数则有所不同，虽然含义保持不变，但此时这三个参数应该设置为一个包含所有可能参数值的向量，而不是某一个数值。

7.4.2 R 语言中的线性支持向量机分类

本节将进行 R 语言线性支持向量机的模拟实验与实例讲解，基本步骤如下。

第一步：数据生成，随机生成训练样本集与测试样本集，或者直接进行数据导入。

第二步：模型构建，选取适当的核函数和分类方式对训练样本集进行模型构建。

第三步：模型检验，使用测试样本集进行模型检验，构建混淆矩阵并计算分类错误率。

第四步：模型优化，利用十折交叉验证、调整数据比重等方法找到最优参数，进而对模型进行优化。

第五步：结果预测，利用最优化模型对测试集样本进行结果预测和模型检验。

1. 线性支持向量机模拟实验

首先进行线性支持向量机模拟实验，本节以较为简单的数据进行分类预测，方便读者理解。

1）数据生成

随机生成输出变量为–1 和 + 1 的 100 个数据，其中–1 和 + 1 各 50 个。随机抽取其中 50 个数据作为训练样本，剩余 50 个数据作为测试样本。分别绘制全部样本和训练样本的散点图，如图 7-12 所示。

具体代码如下。

```
>set.seed(12345)
>x = matrix(rnorm(n = 100*2, mean = 0, sd = 0.5), ncol = 2, byrow = TRUE)
>y = c(rep(-1, 50), rep(1, 50))
>x[y = = 1,] = x[y = = 1, ] + 2
>data = data.frame(Fx1 = x[, 1], Fx2 = x[, 2], Fy = as.factor(y))
>plot(data[,1], data[,2], pch = y + 2, main = "全部样本散点图")
>sub = sample(1:100, 50)
>data_train = data[sub,]#训练集数据
>data_test = data[-sub,]#测试集数据
>plot(data_train[,1], data_train[,2], pch = as.integer(data_train[,3]), main = "训练样本散点图")
```

运行结果如下。

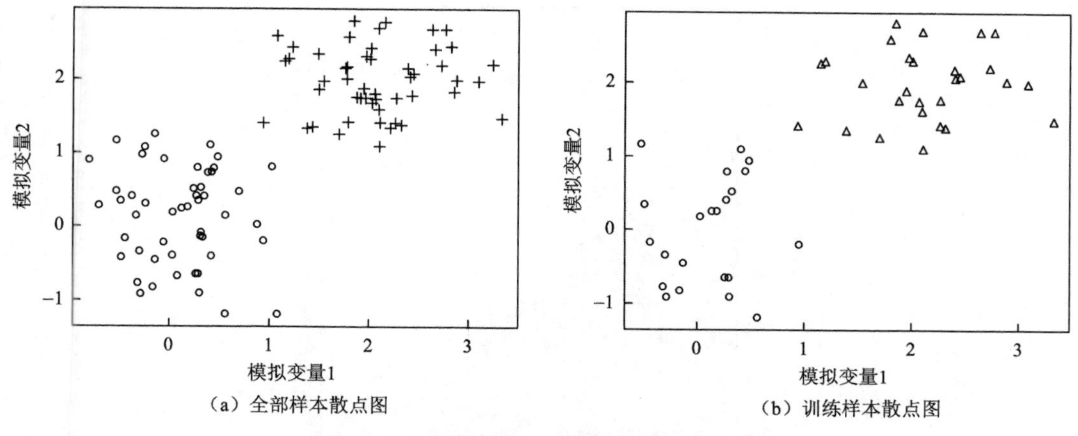

（a）全部样本散点图
（b）训练样本散点图

图 7-12　全部样本散点图和训练样本散点图

2）模型构建

选择线性核函数进行模型构建，设定惩罚因子为 100，共找到 3 个支持向量。利用 plot 函数绘制带有观测点的等高线图，如图 7-13 所示。其中，参数 svSymbol 用于确定支持向量的表示符号；参数 dataSymbol 用于确定其他观测点的表示符号；参数 grid 用于确定等高线图的条数，本实验设定条数为 100。通过图 7-13 可以准确看出支持向量与最大超平面的具体位置。

具体代码如下。

```
>install.packages("e1071")
>library("e1071")
>SvmFit = svm(Fy～.,data = data_train, type = "C-classification",
>kernel = "linear", cost = 100, scale = FALSE)
>summary(SvmFit)#查看模型细节
Call:
svm(formula = Fy～., data = data_train, type = "C-classification", kernel = "linear", cost = 100,
scale = FALSE)
Parameters:
   SVM-Type: C-classification
 SVM-Kernel: linear
       cost: 100
Number of Support Vectors:3
 (1 2)
Number of Classes:2
Levels:
 -1 1
>plot(x = SvmFit,data = data_train, formula = Fx2～Fx1, svSymbol = "#", dataSymbol =
"*",, grid = 100)#最大超平面可视化
```

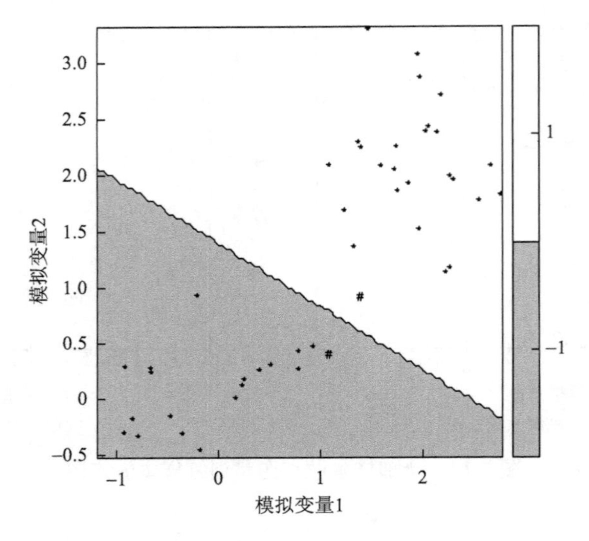

图 7-13 支持向量与最大超平面展示图

3）模型检验

利用测试集数据进行模型检验，得到混淆矩阵，并计算预测结果错误率，错误率为 0.02。具体代码如下。

```
>yPred = predict(SvmFit, data_test)
>(ConfM = table(yPred, data_test$Fy))#混淆矩阵
yPred   -1    1
-1      27    0
1        1   22
>(Err = (sum(ConfM)-sum(diag(ConfM)))/sum(ConfM))#错误率
[1] 0.02
```

4）模型优化

利用十折交叉验证找到预测误差最小时的损失惩罚参数，最终确定惩罚因子为 0.01。对应的最优模型中共找出 44 个支持向量。对模型结果进行可视化展示，如图 7-14 所示。具体代码如下。

```
>set.seed(12345)
>tObj = tune.svm(Fy～., data = data_train, type = "C-classification",
>kernel = "linear", cost = c(0.001, 0.01, 0.1, 1, 5, 10, 100, 1000), scale = FALSE)
>summary(tObj)#查看最优惩罚因子
Parameter tuning of 'svm':
-sampling method:10-fold cross validation
-best parameters:
 cost
 0.01
```

```
-best performance:0
-Detailed performance results:
   cost error dispersion
1  1e-03  0.68  0.1032796
2  1e-02  0.00  0.0000000
3  1e-01  0.00  0.0000000
4  1e+00  0.00  0.0000000
5  5e+00  0.00  0.0000000
6  1e+01  0.00  0.0000000
7  1e+02  0.00  0.0000000
8  1e+03  0.00  0.0000000
>BestSvm = tObj$best.model#优化后的模型
>summary(BestSvm)#查看最优模型
Call:
best.svm(x = Fy～., data = data_train, cost = c(0.001, 0.01, 0.1, 1, 5, 10, 100, 1000), type = "C-classification", kernel = "linear", scale = FALSE)
Parameters:
   SVM-Type: C-classification
   SVM-Kernel: linear
         cost: 0.01
Number of Support Vectors:44
 (22 22)
Number of Classes: 2
Levels:
 -1 1
>plot(x = BestSvm, data = data_train, formula = Fx2～Fx1, svSymbol = "#", dataSymbol = "*", grid = 100)
```

5）结果预测

使用最优化模型，利用测试集数据进行预测并检验，得到混淆矩阵并计算预测结果错误率，错误率为 0，模型非常理想。

具体代码如下。

```
>yPred = predict(BestSvm, data_test)
>(ConfM = table(yPred, data_test$Fy))
yPred -1  1
   -1 28  0
   1   0  22
>(Err = (sum(ConfM)-sum(diag(ConfM)))/sum(ConfM))#错误率：[1] 0
```

以上就是 R 语言下线性支持向量机模拟实验的全部内容，接下来进行实例演示。

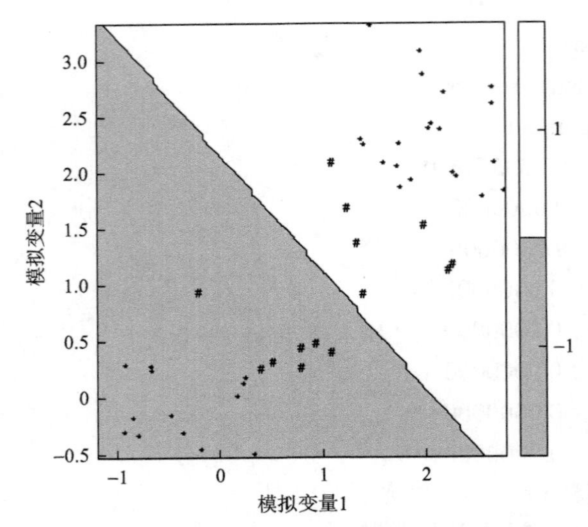

图 7-14 最优线性模型支持向量与最大超平面展示图

2. 线性支持向量机实例

实例演示使用 R 语言经典数据集 iris 鸢尾花数据，该数据集由著名的统计学家和生物学家 Fisher 在 1936 年发表的文章中首次使用，后为众人所知，成为机器学习领域常用的数据集之一。该数据集共包含五个属性，分别为花萼长度、花萼宽度、花瓣长度、花瓣宽度和花的种类。其中花的类别共有三种，即 Setosa（山鸢尾）、Versicolor（杂色鸢尾）、Virginica（维吉尼亚鸢尾），每一类鸢尾花收集了 50 条样本记录，共计 150 条。

1）数据导入

导入 iris 数据，并将花萼长度、花萼宽度、花瓣长度和花瓣宽度作为特征变量，花的种类作为结果变量。

具体代码如下。

```
>library(e1071)
>attach(iris)
>x = iris[, -5]
>y = iris[, 5]
```

2）模型构建并检验

为选出最优模型，使用循环语句构建不同分类不同核函数的多个模型，通过模型检验结果对比出最合适的模型。依据检验结果，最终选择以 C-classification 分类方式、radial 径向基核函数构建的 SVM 函数。

具体代码如下。

```
>type = c("C-classification", "nu-classification")
>kernel = c("linear", "polynomial", "radial", "sigmoid")
>pred = array(0, dim = c(150, 2, 4))pred
>accuracy = matrix(0, 2, 4)
```

```
>dimnames(accuracy) = list(type, kernel)
>for(i in 1:2){
>for(j in 1:4){
>model_8 = svm(x, y, type = type[i], kernel = kernel[j])
>pred[, I, j] = predict(model_8, x)
>t = table(pred[, I, j], y)
>print(paste(type[i], kernel[j]))
>print(mean(y! = predict(model_8)))
>print(t)}}
[1] "C-classification linear"
[1] 0.03333333
     setosa versicolor virginica
  1      50          0         0
  2       0         46         1
  3       0          4        49
[1] "C-classification polynomial"
[1] 0.04666667
     setosa versicolor virginica
  1      50          0         0
  2       0         50         7
  3       0          0        43
[1] "C-classification radial"
[1] 0.02666667
     setosa versicolor virginica
  1      50          0         0
  2       0         48         2
  3       0          2        48
[1] "C-classification sigmoid"
[1] 0.1133333
     setosa versicolor virginica
  1      49          0         0
  2       1         41         7
  3       0          9        43
[1] "nu-classification linear"
[1] 0.03333333
     setosa versicolor virginica
  1      50          0         0
  2       0         48         3
```

```
  3      0          2        47
[1] "nu-classification polynomial"
[1] 0.09333333
     setosa versicolor virginica
  1     50          0         0
  2      0         50        14
  3      0          0        36
[1] "nu-classification radial"
[1] 0.03333333
     setosa versicolor virginica
  1     50          0         0
  2      0         48         3
  3      0          2        47
[1] "nu-classification sigmoid"
[1] 0.08
     setosa versicolor virginica
  1     50          0         0
  2      0         41         3
  3      0          9        47
```

3）模型优化与结果预测

首先进行可视化处理，通过图 7-15 可以看出 Setosa 和其他两种花之间差别较大，分类效果较好；Versicolor 和 Virginica 之间交叉比较紧密，分类效果虽然也不错，但是仍存在一定的错判，因此可以考虑通过比重调整的方式，加重 Versicolor 和 Virginica 的比重，使得判别更加清晰。当然也可以使用调整参数的方式进行优化，由于模拟实验中已经展示过了，因此实例优化中只展示比重调整的结果。

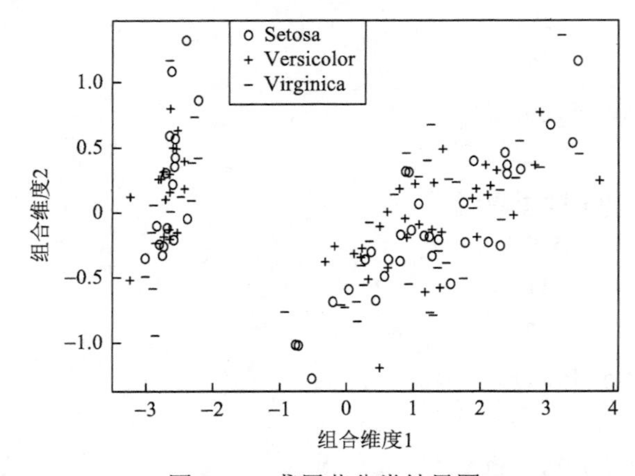

图 7-15　鸢尾花分类结果图

具体代码如下。

```
>plot(cmdscale(dist(iris[, -5])), pch = c("o", " + ", "-"), xlab = "组合维度 1", ylab = "组合维度 2")
>legend("top", c("setosa:山鸢尾", "versicolor: 杂色鸢尾", "virginica: 维吉尼亚鸢尾"), pch = c("o", "+", "-"))
>wts = c(1, 1, 1)#原始比重模型
>names(wts) = c("setosa", "versicolor", "virginica")
>modelcr = svm(x, y, type = "C-classification", kernel = "radial",
>class.weights = wts)
>pred = predict(modelcr, x)
>table(pred, y)
pred        setosa versicolor virginica
setosa      50     0          0
versicolor  0      48         2
virginica   0      2          48
>mean(y! = predict(modelcr))
[1] 0.02666667
#第一次更改比重模型:(1:100:100)
>wts = c(1, 100, 100)
>names(wts) = c("setosa", "versicolor", "virginica")
>modelcr1 = svm(x, y, type = "C-classification", kernel = "radial",
>class.weights = wts)
>pred1 = predict(modelcr1, x)
>table(pred1, y)
pred1       setosa versicolor virginica
setosa      50     0          0
versicolor  0      49         1
virginica   0      1          49
>mean(y! = predict(modelcr1))
[1] 0.01333333
#第二次更改比重模型(1:500:500)
>wts = c(1, 500, 500)
>names(wts) = c("setosa", "versicolor", "virginica")
>modelcr2 = svm(x, y, type = "C-classification", kernel = "radial",
>class.weights = wts)
>pred2 = predict(modelcr2, x)
>table(pred2, y)
pred2       setosa versicolor virginica
setosa      50     0          0
```

```
versicolor       0          50          0
virginica        0           0         50
>mean(y! = predict(modelcr2))
[1] 0
```

7.4.3 R 语言中的非线性支持向量机分类

1. 非线性支持向量机模拟实验

首先进行非线性支持向量机模拟实验，本节以较为简单的数据进行分类预测，方便读者理解。

具体代码如下。

```
>set.seed(12345)
>x = matrix(rnorm(n = 400, mean = 0, sd = 1), ncol = 2, byrow = TRUE)
>x[1: 100, ] = x[1: 100, ]+2
>x[101: 150, ] = x[101: 150, ]-2
>y = c(rep(1, 150), rep(2, 50))
>data = data.frame(Fx1 = x[, 1], Fx2 = x[, 2], Fy = as.factor(y))
>flag = sample(1: 200, size = 100)
>data_train = data[flag, ]
>data_test = data[-flag, ]
>plot(data_train[, 2: 1], pch = as.integer(as.vector(data_train[, 3])), cex = 0.7, main = "训练集散点图", xlab = "模拟变量 1", ylab = "模拟变量 2")
```

以上代码构建了包含 200 个数据点的模拟样本，样本类别分布情况如图 7-16 的散点图所示。

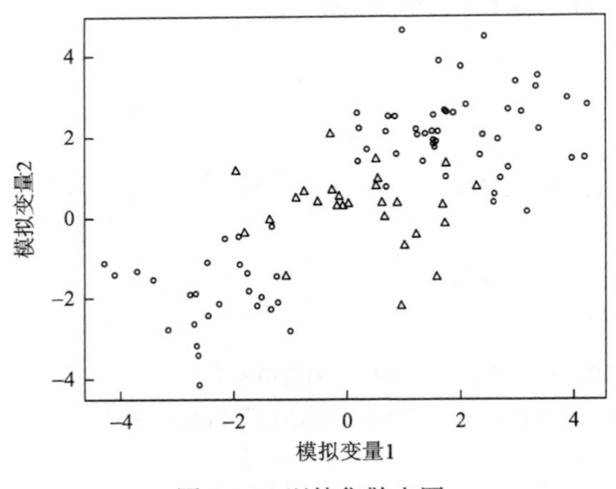

图 7-16　训练集散点图

```
>library("e1071")
>set.seed(12345)
```

```
>tObj = tune.svm(Fy~., data = data_train, type = "C-classification",
>kernel = "radial", cost = c(0.001, 0.01, 0.1, 1, 5, 10, 100, 1000), gamma = c(0.5, 1, 2, 3, 4), scale = FALSE)
>plot(tObj, xlab = expression(gamma), ylab = "损失惩罚参数 C", main = "不同参数组合下的预测错误率", nlevels = 10, color.palette = gray.colors)
```

对模拟数据在不同参数设定下进行基于支持向量机的分类建模，各参数组合下模型的预测效果如图 7-17 所示。基于预测效果选出最优模型并进行可视化展示，如图 7-18 所示。

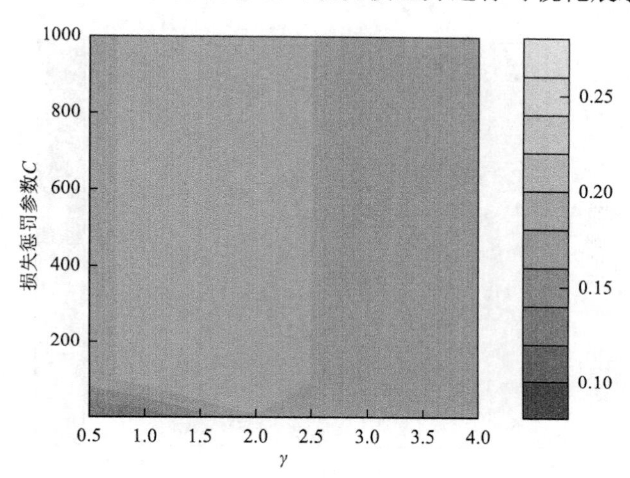

图 7-17　不同参数组合下的预测错误率图

```
>BestSvm = tObj$best.model
>summary(BestSvm)
Call:
best.svm(x = Fy~., data = data_train, gamma = c(0.5, 1, 2, 3, 4), cost = c(0.001, 0.01, 0.1, 1, 5, 10, 100, 1000), type = "C-classification", kernel = "radial", scale = FALSE)
Parameters:
SVM-Type: C-classification
SVM-Kernel: radial
      cost: 1
Number of Support Vectors:40
 (23 17)
Number of Classes:2
Levels:
 1 2
>plot(x = BestSvm, data = data_train, formula = Fx1 ~ Fx2, svSymbol = "#", dataSymbol = "*",
grid = 100, col = c(gray(0.8), gray(0.5)))
```

```
>yPred = predict(BestSvm, data_test)
>ConfM = table(yPred, data_test$Fy); ConfM
yPred    1   2
1       73   6
2        4  17
> (Err = (sum(ConfM)-sum(diag(ConfM)))/sum(ConfM))
[1] 0.1
```

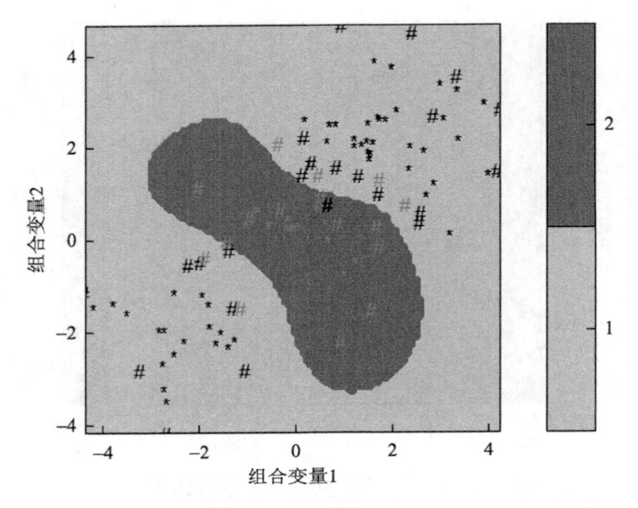

图 7-18 最优非线性模型支持向量与最大超平面展示图

根据运行结果可以看出，当 cost 惩罚因子为 1 时，模型最优，共包含 40 个支持向量。此时预测误差为 0.1，模型较为理想。

2. 非线性支持向量机实例

本节选用 Kaggle 网站中提供的 Rotten Tomatoes 电影评论数据集，该数据集是用于情感分析的电影评论语料库，最初由 Pang 和 Lee 收集。该数据集共有五个标签，分别为消极、有点消极、中性、有点积极和积极。因此其是一个多分类的实例。

具体代码如下。

```
>data = read.table("wavefenci1.txt", header = T)
>data = data.frame(data[, -1], Fy = as.factor(data[, 1]))
>library(e1071)
>set.seed(1234)
>sub = sample(1: 1615, 900)
>data.train = data[sub,]
>data.test = data[-sub,]
>model = tune.svm(Fy~., data = data.train, type = "C-classification",
```

```
>kernel = "radial", cost = c(0.001, 0.01, 0.1, 1, 5, 10, 100, 1000),
>scale = FALSE)
>BestSvm = model$best.model
>summary(BestSvm)
Call:
best.svm(x = Fy~., y = cost = c(0.001, 0.01, 0.1, 1, 5, 10, 100, 1000), data = data.train,
    type = "C-classification", kernel = "radial", scale = FALSE)
Parameters:
  SVM-Type:C-classification
 SVM-Kernel:radial
       cost:1
Number of Support Vectors:753
 (79 193 250 162 69)
Number of Classes:5
Levels:
1 2 3 4 5
>yPred1 = predict(BestSvm, data.train)
>(ConfM1 = table(data.train[,47], yPred1))
yPred1
     1    2    3    4    5
1  164    0    0    0   66
2   30    7    0    1   31
3   20    0    6    2   51
4   18    0    0   19  125
5   11    0    0    0  349
>(Err1 = (sum(ConfM1)-sum(diag(ConfM1)))/sum(ConfM1))
[1] 0.3944444
>yPred2 = predict(BestSvm, data.test)
>(ConfM2 = table(data.test[,47], yPred2))
yPred2
     1    2    3    4    5
1  113    0    0    1   58
2   24    0    0    2   17
3   13    0    0    0   42
4   11    0    0    2  125
5   28    0    0    0  279
>(Err2 = (sum(ConfM2)-sum(diag(ConfM2)))/sum(ConfM2))
[1] 0.448951
```

根据运行结果可以看出，当 cost 惩罚因子为 1 时，模型最优。此时模型检验的错误率约为 0.3944，表示模型效果还不错。模型预测的错误率约为 0.4490，比检验结果要差一点，但是基本可以通过。如果想要得到更优的结果，可以考虑使用更深层次的算法进行优化，如序列最小优化（sequential minimal optimization，SMO）算法、遗传算法、粒子群算法等，有兴趣的读者可以进一步进行了解。

7.5 小　　结

本章详细介绍了支持向量机算法的基本原理及不同类型支持向量机的求解过程，并通过模拟实验与实例介绍对不同类型支持向量机在 R 软件中的操作进行了说明。其中基本原理包括结构风险最小归纳原理和最大边缘平面原理，类型包括线性可分、线性不可分、非线性可分、非线性不可分四种。

思考题与练习题

1. 简述最大边缘超平面的定义。
2. 简述 Mercer 定理的基本定义。
3. 简述常用的四种核函数的优缺点。
4. 推导出不可分数据的线性支持向量机的对偶拉格朗日函数，其中目标函数为 $f(W)=\frac{\|W\|^2}{2}+C\left(\sum_{i=1}^{N}\xi_i\right)^2$。

第8章　人工神经网络

【学习目标】了解人工神经网络及其相关的基本概念。理解人工神经网络的结构和建立过程。理解感知机模型的算法原理、BP算法原理。掌握运用R语言实现BP神经网络的方法。

8.1　人工神经网络概述

人工神经网络（artificial neural network，ANN），简称为神经网络（neural network，NN）或类神经网络，是一种模仿生物神经网络结构和功能的数学模型或计算模型，用于解决现实世界模式识别、联想记忆、优化计算等复杂问题。作为一种新兴的多学科交叉技术，神经网络的研究涉及众多学科领域，包括医学、生物学、生理学、哲学、信息学、计算机科学等，这些领域相互结合、相互渗透并相互推动。目前，人工神经网络的应用研究已扩展到以数据分析为核心的数据挖掘领域，并被大量应用于数据的分类和回归预测中。

8.1.1　人工神经网络的发展

人工神经网络起源于Warren McCulloch和Walter Pitts于1943年首次建立的神经网络模型。他们的模型完全基于数学和算法，由于缺乏计算资源，模型无法测试。后来，“感知器”作为第一个从单纯理论付诸工程实践的基本神经网络模型，于1958年由心理学家Frank Rosenblatt提出，但是由于当时电子元件材料的限制等，相关的研究陷入停滞。20世纪80年代中期开始，人们再次认识到神经网络的优越性和应用前景，重新掀起了人工神经网络的研究热潮，包括后来出现的反向传播神经网络、卷积神经网络等，在信号处理、自动控制、视觉图像识别等诸多领域得到了十分广泛的应用。

8.1.2　人工神经网络的基本模型

类似于生物学上的神经网络，人工神经网络也是由一个个的神经元（neuron），也叫作节点（node），作为基本单元构成，节点之间由边进行连接，反映了各节点之间的关联关系及关联强度。一个完整的神经网络可划分为输入层、隐藏层和输出层三部分。位于输入层的节点负责接收和处理训练样本集中的各输入变量，其个数取决于变量个数；位于隐藏层的节点负责实现非线性样本的线性变换，人工神经网络可以包含多个隐藏层；位于输出层的节点给出模型的预测结果。

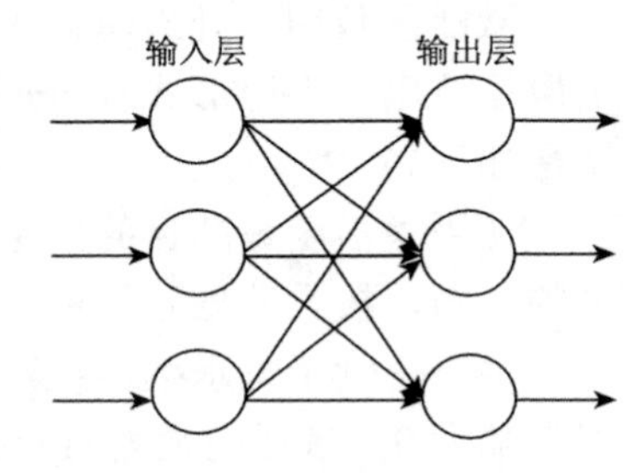

图8-1　两层神经网络结构

根据网络的层次数，人工神经网络可分为两层神经网络、三层神经网络和多层神经网络三类。图8-1和图8-2所示的就是典型的两层神经网络和三层神经网络。

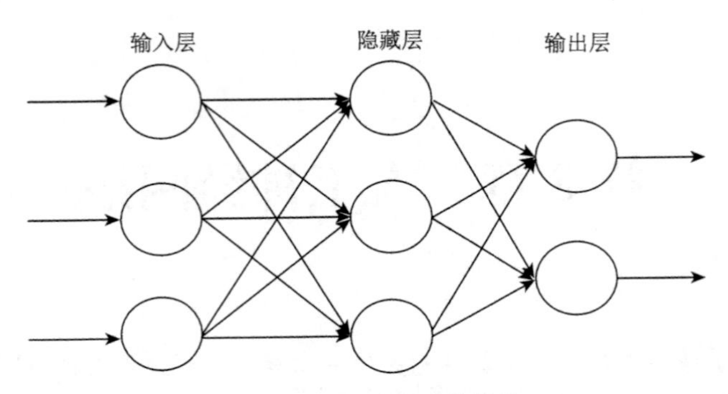

图 8-2 三层神经网络结构

节点，也叫神经元，是人工神经网络的重要元素，用于对所接收的信息进行加工处理并输出结果。图 8-3 展示了神经元的一般结构。

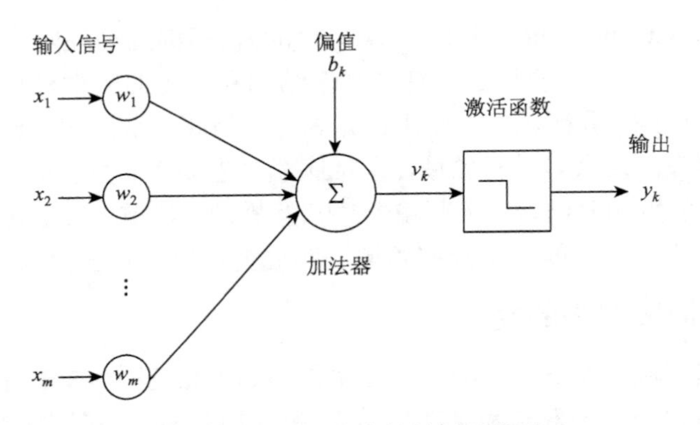

图 8-3 神经网络中的神经元模型

图 8-3 表明，神经元会接收到许多输入信号，这些信号通过带权重的边进行传递。神经元通过加法器和激活函数（activation function）对所有的输入信号进行计算处理，然后将结果输出。

1）加法器

$$U_i = \sum_i w_i x_i + b \tag{8-1}$$

其中，x_i 表示来自第 i 个神经元的输入；w_i 表示第 i 个神经元的连接权重；b 表示偏值（bias）。

2）激活函数

激活函数用来处理总输入值与偏值比较的结果，将其转化为 0 或 1，或者映射到(0, 1)的取值范围，常用形式有 sgn 函数［图 8-4（a）］和 sigmoid 函数［图 8-4（b）］。其公式和图像如下。

使用激活函数的目的就是为了在模型中引入非线性的因素，以有效解决模型线性不可分的问题，极大地增强了模型的普适性。

举一个例子来示范神经网络节点的计算过程。如图 8-5 中所示，假设节点 1、2、3 的偏值都为 0，激活函数为 sigmoid 函数。则有

（1）节点 1：加法器 $U_1 = 1\times 0.2 + 0.5\times 0.5 = 0.45$；激活函数 $y_1 = f(0.45) = 0.61$。

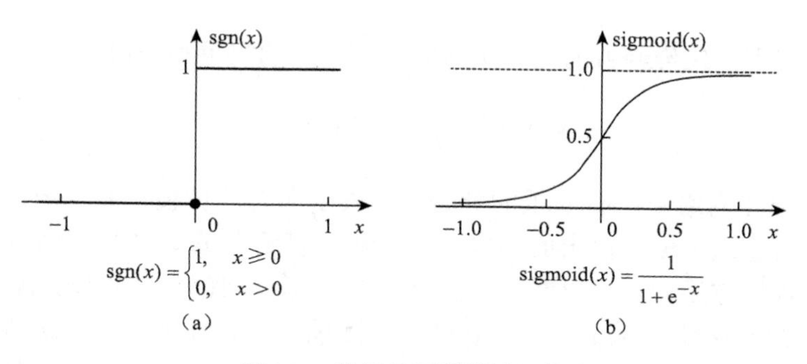

图 8-4　常用的两种激活函数

（2）节点 2：加法器 $U_2 = 1\times(-0.6)+0.5\times(-1.0)=-1.1$；激活函数 $y_2 = f(-1.1)=0.25$。

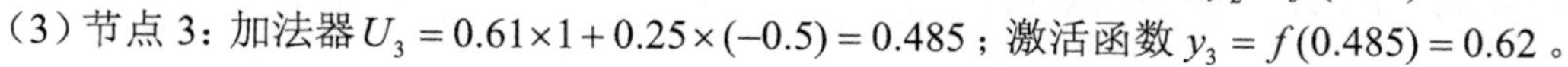

（3）节点 3：加法器 $U_3 = 0.61\times1+0.25\times(-0.5)=0.485$；激活函数 $y_3 = f(0.485)=0.62$。

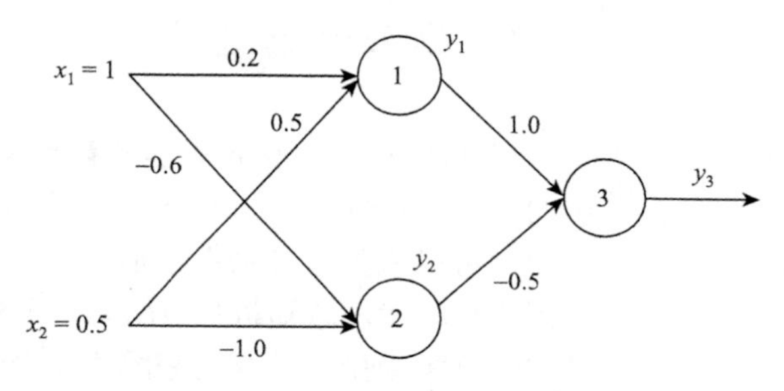

图 8-5　神经网络计算示例

8.1.3　建立人工神经网络的一般步骤

人工神经网络建立的一般步骤如下。

（1）数据准备。首先要进行的是数据的标准化处理。通常人工神经网络的输入值的取值范围为 0 到 1，因为输入数据数量级的不同将对后续包括权重确定在内的一系列过程产生影响，并导致最终分类预测的偏差。标准化处理一般采用的方法是极差法，即 $x_i' = \frac{x_i - x_{\min}}{x_{\max} - x_{\min}}$，其中 $x_{\max}$ 和 $x_{\min}$ 分别表示输入数据的最大值和最小值。同理，神经网络给出的最终预测值也是标准化值。

（2）网络结构的确定。通常，神经网络的复杂程度由隐藏层的层数和隐藏层节点的个数决定，隐藏层层数和节点数越多，网络结构越复杂。隐藏层层数越大，预测精度越高，但是相对的结构复杂程度也会增加，因此需要在训练效率和结构复杂程度之间做取舍。实践证明，两层以上的隐藏层结构可能会使系统过于复杂导致最终结果的不准确，所以一般认为设定隐藏层层数为一层最为合理。而在隐藏层节点的个数设定上，目前并不存在一个比较权威的标准，需要在训练中逐步调整以获得最优解。

（3）确定连接权重和偏值。人工神经网络的建立是一个不断探索，适配输入值与输出值复杂关系的过程，而连接权重和偏值是体现其数量关系的重要内容，所以我们需要找到一种合适的算法来确定它们。

在这里我们引入代价函数的概念来帮助找到合适的权重和偏值：

$$C(w,b)=\frac{1}{2n}\sum_{x}\|y(x)-a\|^2 \tag{8-2}$$

其中，w表示神经网络中所有权重的集合；b表示所有的偏值；n表示训练输入数据的个数；a表示当输入为x时输出的向量；符号$\|v\|$表示向量v的模。$C(w,b)$被称作二次代价函数，或者均方误差。可以看出，由于公式中每一项都是非负值，所以$C(w,b)$也是非负的。当神经网络的输出值$y(x)$十分接近实际输出值a时，代价函数$C(w,b)$的值约等于 0，而代价函数值越大，预测的误差越大。因此，我们需要不断地调整参数与训练模型，最终获得使代价函数值尽量小的权重和偏值。这里可以通过一种叫作梯度下降法的算法达到目的。

8.2 感知机模型

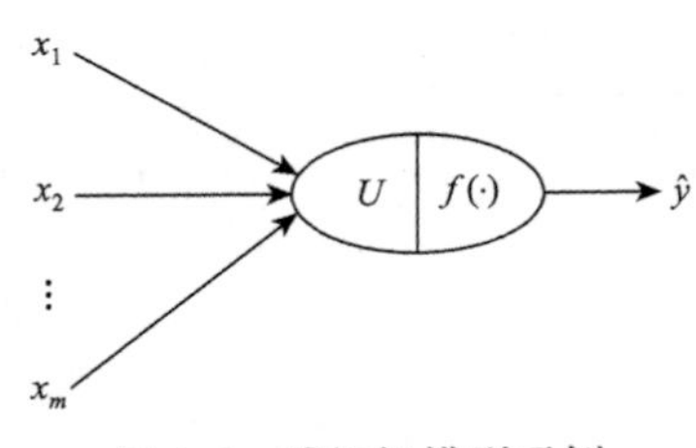

图 8-6 感知机模型示例

感知机（perceptron），也称为感知器，是人工神经网络中的一种典型结构，在 1958 年由科学家 Frank Rosenblatt 提出，可以视为一种最简单形式的前馈式人工神经网络。如图 8-6 所示，感知机只有输入层和输出层两层。它是一种线性分类模型，主要用来解决二分类问题。感知机算法是支持向量机和人工神经网络的基础，虽然其原理简单并且计算能力有限，但是通过对它的学习可以帮助我们更好地理解一系列神经网络相关的内容。

8.2.1 感知机的模型定义

假设输入空间（特征空间）为$\chi\subseteq R$，输出空间$Y=+1/-1$。输入$x\subseteq\chi$表示样本的特征向量；输出$y\subseteq Y$表示样本的类别。由输入空间到输出空间的函数$f(x)$称为感知机，其表示如下：

$$f(x)=\text{sign}(w\cdot x+b) \tag{8-3}$$

其中，w和b表示感知机的模型参数；$w\subseteq R^n$表示权重或权重向量；$b\subseteq R^n$表示偏值；$w\cdot x$表示w和x的内积，sign()表示符号函数。

$$\text{sign}(x)=\begin{cases}+1, & x\geqslant 0\\ -1, & x<0\end{cases} \tag{8-4}$$

8.2.2 感知机模型的几何解释

如图 8-7 所示，感知机定义的线性方程$w\cdot x+b=0$可对应于特征空间R^n的一个超平面S，其中w是超平面的法向量，b是超平面的截距。该超平面可以将原特征空间划分为两个部分，其中的点（特征向量）以 0 为界限被分为正负两类，因此超平面S又被称为分类超平面（separating hyperplane）。

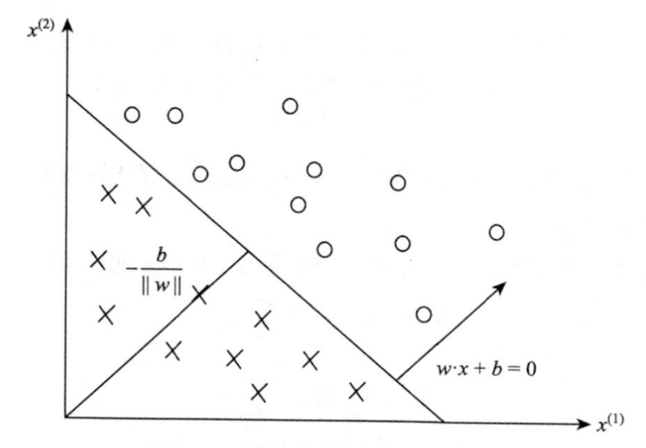

图 8-7　感知机算法的几何表示

对于一个待处理的数据集，如果我们能找到一个超平面，可以将其中的正负样例完全正确地划分到超平面的两侧，则称该数据集是一个线性可分的数据集，否则为线性不可分的数据集。

假设数据集是线性可分的，感知机模型的学习目标就是求得一个能够将训练集正负样例能够完全分开的超平面。找出这样的超平面，其实就是要确定感知机的模型参数 w 和 b 。我们需要通过定义损失函数并使其最小化来求解模型参数。

8.2.3　感知机的算法步骤

考虑对于输入空间 R^n 中的任意点 x_0 到超平面 S 的距离为

$$d=\frac{1}{\|w\|}|w^{\mathrm{T}}x+b| \tag{8-5}$$

其中，$\|w\|$ 表示 w 的 L2 范数。

对于样本 (x_i,y_i) ，当 $\frac{|w\cdot x+b|}{\|w\|}>0$ 时，计 $y_i=+1$ ；当 $\frac{|w\cdot x+b|}{\|w\|}<0$ 时，计 $y_i=-1$ 。这样正确分类的样本点满足 $\frac{y_i(w\cdot x_i+b)}{\|w\|}>0$ ，而错误分类的样本点满足 $\frac{y_i(w\cdot x_i+b)}{\|w\|}<0$ 。

损失函数定义如下：

$$L(w,b)=-\frac{1}{\|w\|}\sum_{i\in M}y_i(w\cdot x_i+b) \tag{8-6}$$

其中，M 表示误分类点的集合。

感知机的损失函数就是所有错误分类点到超平面 S 的距离之和，最终优化目标是使该值最小。而由于 $\frac{1}{\|w\|}$ 实际上并不影响距离的正负与分类结果，所以可以把它省略掉。则最终定义的损失函数为

$$L(w,b)=-\sum_{i\in M}y_i(w\cdot x_i+b) \tag{8-7}$$

显然，损失函数 $L(w,b)$ 是非负的。样本分类的正确率越高，则误分类点到超平面 S 的距离之和越小，损失函数值也越小。如果所有样本点都被正确分类，则该函数的值为 0。

在求损失函数最小值的过程中，感知机模型使用的是随机梯度下降（stochastic gradient descent）法，具体步骤如下。

（1）假设误分类点的集合为 M，那么损失函数 $L(w,b)$ 的梯度为

$$\nabla_w L(w,b) = -\sum_{i \in M} y_i x_i \tag{8-8}$$

$$\nabla_b L(w,b) = -\sum_{i \in M} y_i \tag{8-9}$$

（2）对 w,b 进行更新：

$$w \leftarrow w + \eta \nabla_w L(w,b); \quad b \leftarrow b + \eta \nabla_b L(w,b) \tag{8-10}$$

其中，$\eta\,(0 < \eta \leqslant 1)$ 是步长，又称为学习率（learning rate），这样，通过迭代可以使损失函数不断减小，直到为 0。

当训练数据集线性可分的时候，感知机学习算法是收敛的，并且存在无穷多个解，解会因不同的初值或不同的迭代顺序而有所不同。

8.3 BP 算法原理

8.2 节我们介绍了感知机这种简单的最基本的人工神经网络模型，作为一种单层感知网络，它具有模型结构简单清晰、计算量较小等优势。但是，随着相关研究的不断深入，面对更加复杂的工作环境，单层感知网络的劣势也逐渐凸显出来，比如它无法处理非线性问题，即使在神经元中使用较为复杂的非线性函数作为激活函数，也仅仅能解决简单的线性可分问题，而在非线性问题上表现不佳。因此，之后的许多研究者尝试在输入层和输出层之间插入隐层，发展了多层前馈网络来增强分类和识别能力，以解决非线性问题。

反向传播（back-propagation，BP）神经网络是 1986 年由科学家 Rumelhart 和 McClelland 等提出的，其因使用误差反向传播算法（error back propagation training）进行误差校正而得名，是使用最广泛的多层前馈神经网络。

8.3.1 BP 神经网络的特点

BP 神经网络的特点有如下三个。

（1）包含隐层。

（2）反向传播。

（3）使用 sigmoid 函数作为激活函数。

1. 隐层

BP 神经网络中隐层的主要作用是在面对无法直接处理的非线性样本时，对其进行线性化的转化。

在 8.2.2 节中我们提到过，对于一个待处理的样本，如果我们能找到一个超平面将其中的正负样例完全正确地划分到超平面的两侧，则称该样本是一个线性可分的样本，否则为非线性样本。实际问题中非线性样本的存在十分普遍。

BP 神经网络解决非线性样本分类问题的策略是，将观测点放到一个更高维的空间中，把它转化为一个线性样本，之后再处理分类问题。具体实现方式是，将多个简单感知机模型连接起来，共同构成一个隐层，让隐节点完成非线性样本到线性样本的变换过程。

下面举一个例子进行说明。

表 8-1 所示的是一个典型的二维非线性样本，各个样本点在特征空间中的分布如图 8-8 所示，其中实心点为一类，空心点为一类。

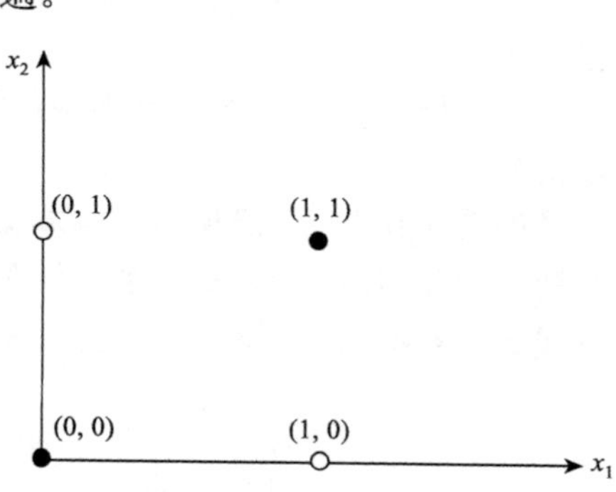

图 8-8　样本点在特征空间中的分布

表 8-1　二维非线性样本

输入变量 x_1	输入变量 x_2	输出变量
0	0	0
0	1	1
1	0	1
1	1	1

如图 8-9 所示，神经网络的结构包括两个输入节点，用于接受 x_1 和 x_2 的信号；该网络结构的隐层包含 y_1 和 y_2 两个隐节点；z 表示输出节点。三个偏差节点固定输入为 1。

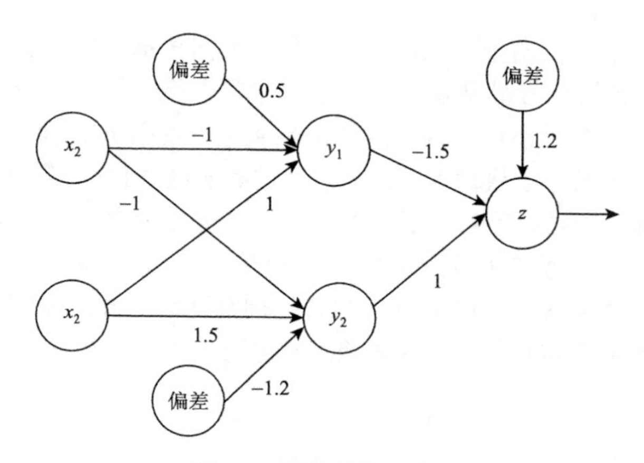

图 8-9　网络结构示意图

假设各个连接权重已经是迭代调整后的最优结果，激活函数选择 sign 函数。以样本点(0, 1)为例，则有如下结果。

y_1 节点的输出为 $U_{y_1}=0\times(-1)+1\times1+1\times0.5=1.5$，由于 $U_{y_1}>0$，所以 y_1 节点的输出为 1。

y_2 节点的输出为 $U_{y_1}=0\times(-1)+1\times1.5+1\times(-1.2)=0.3$，由于 $U_{y_1}>0$，所以 y_1 节点的输出为 1。

z 节点的最终输出为 $U_z=1\times(-1.5)+1\times1+1\times1.2=0.7$，由于 $U_z>0$，所以 z 节点的输出为 1。

最终样本点(0, 1)经过此多层前馈神经网络的处理，最终输出值为 0，分类结果符合实际情况。

如图 8-10 所示，隐层将原样本集特征空间中的点转换到由 y_1 和 y_2 组成的新样本空间，原空间中的点(0, 0)和(0, 1)合并为新空间中的一个点(1, 0)。在这种情况下就可以使用一条直线 z 将样本划分到两侧，成功实现分类。

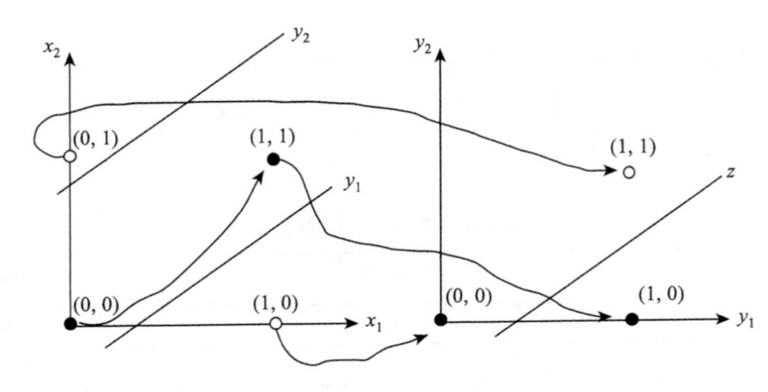

图 8-10　样本空间变换示意图

以此类推，通过构建合理的隐层和隐节点，面对更加复杂的非线性样本集也可以实现线性分类。

2. 反向传播

误差反向传播算法包括两个方面，一是信号的前向传播，二是误差的反向传播。当基于输入计算输出时，各级信号沿从输入到输出的方向进行计算；而调整权重和偏值的过程则相反，是根据代价函数最小化原则，从输出端到输入端反向进行的。神经网络运行时，首先进行正向传播，输入信号从输入端进入，经过隐层的线性变换后输出，之后与实际结果进行对比，如果输出与结果不符，则进入误差反向传播程序。误差反向传播过程将输出误差向隐层及输入层方向逐步传播，将总误差分配给各层的所有单元，通过各个单元针对误差的反馈信号，来调整各单元的权重。与其他神经网络一样，BP 神经网络同样使用梯度下降算法来不断调整权重和偏值，使误差沿梯度方向下降，经过反复的训练迭代，最终确定最优的参数。

3. sigmoid 激活函数

BP 神经网络模型选择(0, 1)型 sigmoid 函数作为激活函数，输出信号限制为 0 到 1 之间。在处理回归问题时，最终输出节点给出的是标准化处理后的预测值，还原后可得到最终结果；在处理分类问题时，输出的是预测分类结果的概率值。

sigmoid 具有非线性、单调、无限次可微等特点，使得 BP 神经网络可以使用梯度下降法调整参数。

8.3.2　BP 网络的算法描述

BP 算法由信号的正向传播和误差的反向传播两个过程组成。

正向传播时，输入样本从输入层进入网络，经隐层逐层传递至输出层，如果输出层的实际输出与期望输出不同，则转至误差反向传播；如果输出层的实际输出与期望输出相同，结束学习算法。

反向传播时，将输出误差（期望输出与实际输出之差）按原通路反传计算，通过隐层反向，直至输入层，在反传过程中将误差分摊给各层的各个单元，获得各层各单元的误差信号，并将其作为修正各单元权值的根据。这一计算过程使用梯度下降法完成，在不停地调整各层神经元的权值和阈值后，使误差信号减小到最低限度。

1. BP 网络的正向传导

三层 BP 网络结构图如图 8-11 所示。

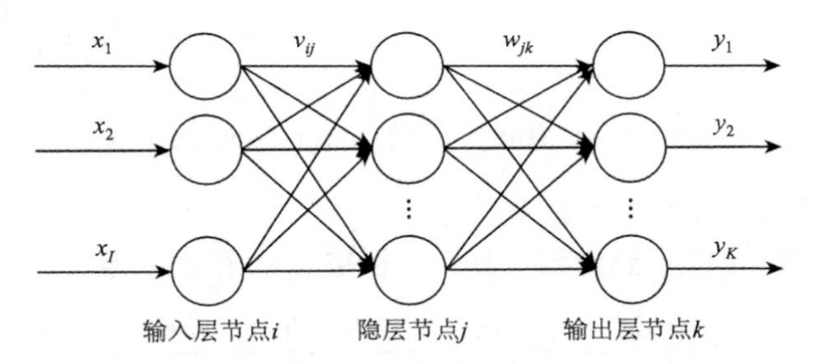

图 8-11　三层 BP 网络结构图

以图 8-11 为例，假设一个三层的 BP 网络，输入层节点数为 I，隐层节点数为 J，输出层节点数为 K，输入层第 i 个节点到隐层 j 节点的权重为 v_{ij}，隐层第 j 个节点到输出层 k 节点的权重为 w_{jk}。

1）从输入层到隐层传导

隐层第 j 个节点输入的加权和为

$$\text{net}_j = \sum_{i=1}^{I} v_{ij} x_i \tag{8-11}$$

输出为

$$\text{out}_j = f(\text{net}_j) \tag{8-12}$$

其中，$f(\cdot)$ 表示 sigmoid 函数。

2）从隐层到输出层传导

输出层第 k 个节点的输入加权和为

$$\text{net}_k = \sum_{k=1}^{K} w_{jk} \text{out}_j \tag{8-13}$$

输出为

$$\text{out}_k = f(\text{net}_k) \tag{8-14}$$

若记该节点的实际输出为O_k，则误差函数为

$$E = \frac{1}{2}\sum_{k=1}^{K}(\text{out}_k - O_k)^2 \tag{8-15}$$

2. 误差的反向传播

1）隐层与输出层之间的权重调整

基于梯度下降法，对于隐层第j个节点到输出层k节点的权重w_{jk}的修正值为

$$\Delta w_{jk} = -\eta\frac{\partial E}{\partial w_{jk}} = -\eta\frac{\partial E}{\partial \text{out}_k}\cdot\frac{\partial \text{out}_k}{\partial \text{net}_k}\cdot\frac{\partial \text{net}_k}{\partial w_{jk}} = -\eta\cdot(\text{out}_k - O_k)\cdot f'(\text{net}_k)\cdot \text{out}_j \tag{8-16}$$

其中，$f'(\cdot)$为 sigmoid 函数的导数，有

$$f'(x) = \left[\frac{1}{1+\text{e}_x}\right]' = \frac{1}{1+\text{e}_x}\cdot\frac{\text{e}_x}{1+\text{e}_x} = f(x)\cdot[1-f(x)] \tag{8-17}$$

因而有

$$\Delta w_{jk} = -\eta\cdot(\text{out}_k - O_k)\cdot\text{out}_k(1-\text{out}_k)\cdot\text{out}_j \tag{8-18}$$

2）输入层与隐层之间的权重调整

同理，输入层第i个节点到隐层j节点的权重v_{ij}的修正值为

$$\Delta v_{ij} = -\eta\frac{\partial E}{\partial v_{ij}} = -\eta\frac{\partial E}{\partial \text{out}_k}\cdot\frac{\partial \text{out}_k}{\partial \text{net}_k}\cdot\frac{\partial \text{net}_k}{\partial \text{out}_j}\cdot\frac{\partial \text{out}_j}{\partial \text{net}_j}\cdot\frac{\partial \text{net}_j}{\partial v_{ij}} \tag{8-19}$$

因而有

$$\Delta v_{ij} = -\eta\cdot\text{out}_j(1-\text{out}_j)\cdot x_i\cdot\sum_{k=1}^{K}(\text{out}_k - O_k)\cdot\text{out}_k(1-\text{out}_k)\cdot w_{ik} \tag{8-20}$$

8.3.3 BP 神经网络的优缺点与应用

BP 神经网络无论是在网络理论还是在性能方面都已比较成熟。相比其他网络，其优点在于较强的非线性映射能力和柔性的网络结构。网络的隐层层数、神经元数量可根据具体情况任意设定，不同结构的 BP 神经网络模型的性能也会发生变化，但是 BP 神经网络也存在如下缺陷。

（1）学习速度慢，即便是处理一个很简单的问题，也要经过成百上千次的迭代训练。

（2）容易陷入局部极小值。

（3）在确定网络层数和神经元个数时没有一个理论标准，多数情况下要根据经验来进行设定。

（4）网络推广能力有限。

在人工神经网络的实际应用中，绝大部分的神经网络模型都采用 BP 网络及其变化形式。BP 网络主要用于以下四个方面。

（1）函数逼近：用输入向量和相应的输出向量训练一个实现逼近函数的网络。

（2）模式识别：用一个待定的输出向量将它与输入向量联系起来。

（3）分类：把输入向量按照所定义的合适方式进行分类。

（4）数据压缩：减少输出向量维数以便于传输或存储。

8.4　BP 神经网络的 R 语言实现

R 程序中实现 BP 神经网络的程序包主要有两个：neuralnet 包和 nnet 包。下面我们分别对其进行介绍。在使用程序包之前要安装和载入。

8.4.1　neuralnet 包的基本使用方法

neuralnet 包中用来训练神经网络的函数叫作 neuralnet，它可以实现传统 BP 神经网络以及弹性 BP 网络的二分类建模训练。其中，输入节点的个数与输入变量的数量相同，输出节点为一个。网络结构的层数固定为三层，而隐层的层数和每层隐节点的个数由用户自由设定。

neuralnet 函数的使用方法如下：

neuralnet（输出变量～输入变量，data = 数据集，hidden = 1，threshold = 0.01，stepmax = 10 000，startweights = 初始权重，learningrate = 学习率，algorithm = 指定算法，err.fct = 误差函数，linear.output = TRUE）

其中，

（1）数据集为提前读取好的输入变量与输出变量的数据框。

（2）参数 hidden 表示设定隐层的层数和各层隐节点的个数，默认隐层层数为 1，隐节点数为 1。如果设 hidden = c(1, 2, 3, 4)，则代表隐层层数为 4，各层隐节点的个数分别为 1、2、3、4 个。

（3）参数 threshold 用于设定迭代终止的条件，默认值为 0.01。当权重调整的最大值大于等于设定值时停止迭代计算。

（4）参数 stepmax 同样用于设定迭代终止的条件，默认值为 10 000。当迭代次数达到该设定值时停止迭代计算。

（5）参数 startweights 表示设定的初始权重，默认为 NULL，即随机生成初始值。

（6）参数 learningrate 表示学习率。当参数 algorithm 取值为“backprop”时需要设定该参数为一个常数，否则学习率是一个动态变化的值。

（7）参数 algorithm 表示指定学习的算法，可以取值为“backprop”，表示传统 BP 反向传播网络；取值为“rprop + ”或“rprop–”时，表示弹性 BP 算法，分别代表权重回溯或不回溯，不回溯将加速收敛。默认取值为“rprop + ”。

（8）参数 err.fct 表示指定损失函数 L 的形式，可以取值为“sse”，表示损失函数 L 为误差平方，“ce”为交互熵。

（9）参数 linear.output 用于设定激活函数的形式。可以取值为“TRUE”或“FALSE”，前者表示输出节点的激活函数为线性函数（$f(U_j)=U_j$），后者表示非线性函数（默认为 sigmoid 函数），对于传统 BP 网络应该选择“FALSE”。

neuralnet 函数返回的值主要包括以下内容。

（1）response，各观测变量的实际输出值。

（2）net.result，各观测输出变量的预测值（回归预测值或预测分类的概率）。

（3）weights，各节点的权重值。

（4）result.matrix，一个包含迭代终止时各节点权重、迭代次数、损失函数值和权重的最大调整量的矩阵。

8.4.2 neuralnet 函数的应用：鸢尾花数据集的分类

使用 neuralnet 函数，针对 R 软件自带的鸢尾花数据集的分类问题训练一个 BP 神经网络。程序代码如下。

```
#导入数据集，并将数据分为训练集和测试集
>data('iris')
>set.seed(10)
>ind = sample(2, nrow(iris), replace = TRUE, prob = c(0.7, 0.3))
>trainset = iris[ind = = 1,]
>testset = iris[ind = = 2,]
#导入与安装包
>library(neuralnet)
#根据数据集在 species 列取值不同，为训练集新增三种数列
>trainset$setosa = trainset$Species = = "setosa"
>trainset$virginica = trainset$Species = = "virginica"
>trainset$versicolor = trainset$Species = = "versicolor"
#调用 neuralnet 函数建立一个隐层节点为 3 的神经网络
>network = neuralnet(versicolor + virginica + setosa～Sepal.Length + Sepal.Width + Petal.Length + Petal.Width, trainset, hidden = 3）
#输出神经网络的结果矩阵
network$result.matrix
                                   [,1]
error                        1.372272e + 00
reached.threshold             9.526195e-03
steps                        1.662200e + 04
Intercept.to.1layhid1        5.532401e + 01
Sepal.Length.to.1layhid1    -1.798674e + 00
Sepal.Width.to.1layhid1      2.527092e + 00
Petal.Length.to.1layhid1    -6.253219e + 00
Petal.Width.to.1layhid1     -1.249502e + 01
```

```
Intercept.to.1layhid2          -2.531122e-01
Sepal.Length.to.1layhid2        5.488646e-01
Sepal.Width.to.1layhid2        -4.999038e + 00
Petal.Length.to.1layhid2        1.610035e + 00
Petal.Width.to.1layhid2         8.634668e + 00
Intercept.to.1layhid3          -1.831136e + 00
Sepal.Length.to.1layhid3        4.264898e-01
Sepal.Width.to.1layhid3         1.569246e + 00
Petal.Length.to.1layhid3        1.823894e + 00
Petal.Width.to.1layhid3        -4.166124e + 00
Intercept.to.versicolor        -2.560339e + 00
1layhid1.to.versicolor          1.029830e + 00
1layhid2.to.versicolor          1.014786e + 00
1layhid3.to.versicolor          1.531329e + 00
Intercept.to.virginica          2.644075e-01
1layhid1.to.virginica          -1.028498e + 00
1layhid2.to.virginica          -1.278323e-02
1layhid3.to.virginica           7.652575e-01
Intercept.to.setosa             9.762338e-01
1layhid1.to.setosa             -2.080291e-03
1layhid2.to.setosa             -1.002276e + 00
1layhid3.to.setosa              2.621350e-02
network$weights

[[1]]
[[1]][[1]]
           [,1]        [,2]        [,3]
[1,]  55.324006  -0.2531122  -1.8311362
[2,]  -1.798674   0.5488646   0.4264898
[3,]   2.527092  -4.9990379   1.5692459
[4,]  -6.253219   1.6100345   1.8238942
[5,] -12.495024   8.6346678  -4.1661236

[[1]][[2]]
          [,1]         [,2]          [,3]
[1,] -2.560339   0.26440753   0.976233800
[2,]  1.029830  -1.02849820  -0.002080291
[3,]  1.014786  -0.01278323  -1.002275558
```

```
[4,]  1.531329   0.76525752         0.026213499
#绘图
>plot(network)
```

我们做如下说明。

（1）本例建立的神经网络有 1 层隐层和 3 个隐节点，损失函数形式为默认的误差平方。

（2）结果表明迭代次数为 16 622 次，迭代结束时损失函数的值为 1.372 272，权重的最大调整量为 0.009 526 195。

（3）result.matrix 逐一给出各个节点的权重，如第一个隐节点的偏差权重为 55.324 01，其中，Sepal.Length、Sepal.Width、Petal.Length、Petal.Width 的权重分别为 1.798 67、2.527 09、–6.253 22、–12.495 02。

（4）weights 为储存连接权重的数组，weight$[[1]][[1]]中第[,1]、[,2]、[,3]列分别代表全部输入节点与第 1、2、3 个隐节点的连接权重；weight$[[1]][[2]]为偏差节点和两个隐节点与输出节点的连接权重。

（5）可以使用 plot 函数对神经网络进行可视化处理，如图 8-12 所示。

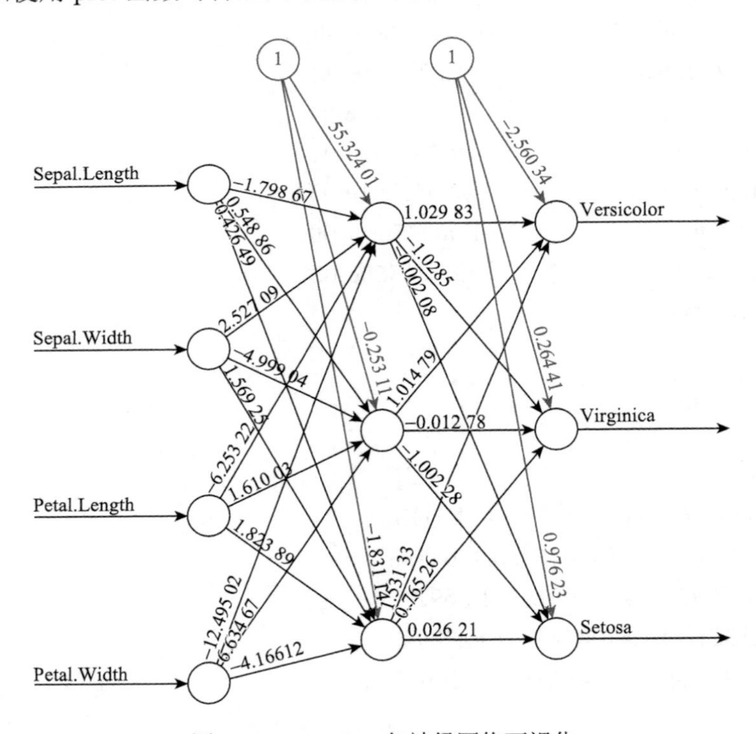

图 8-12　neuralnet 包神经网络可视化

神经网络中权重仅仅作为节点的连接强度测度，而不能准确反映输入变量对预测的重要程度。neuralnet 包提供了一种泛化权重（generalize weight）的计算，用来测度解释变量的重要性。第 i 个解释变量的泛化权重公式为

$$gw_i = \frac{\partial\left(\log\frac{\hat{y}}{1-\hat{y}}\right)}{\partial x_i} \tag{8-21}$$

如果第 i 个解释变量的泛化权重的值几乎为 0，那么说明它对最终结果的影响较小，若总体方差大于 1，则意味着协变量对分类结果存在非线性影响。

可以调用 gwplot 函数可视化泛化权值，代码如下。四种解释变量的泛化权重图如图 8-13 所示。

```
>par(mfrow=c(2,2))
>gwplot(network,selected.covariate="Petal.Width")
>gwplot(network,selected.covariate="Sepal.Width")
>gwplot(network,selected.covariate="Petal.Length")
>gwplot(network,selected.covariate="Sepal.Length")
```

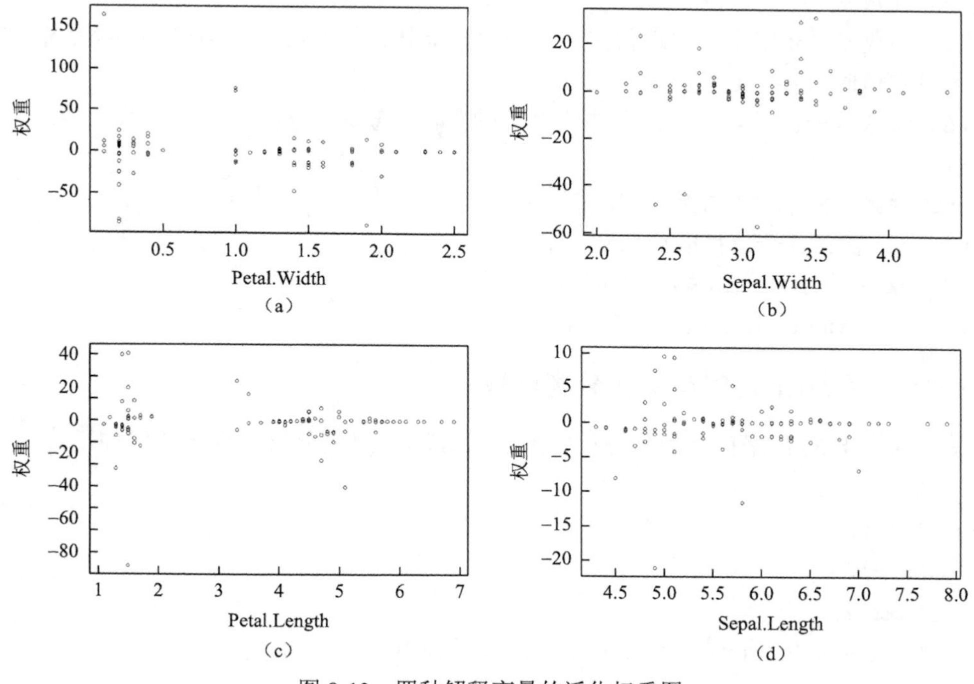

图 8-13　四种解释变量的泛化权重图

根据 network$generalized.weights 的泛化权重图，图 8-13（a）、（b）、（c）、（d）分别展示了四个协变量 Petal.Width、Sepal.Width、Petal.Length、Sepal.Length 对 Versicolor 的影响。从图中可以看出，四种解释变量的泛化权重都在 0 附近，所以其对最终分类结果的影响很小。

8.4.3　nnet 包的基本使用方法

另一种可以用于训练传统 BP 神经网络的包是 nnet 包，函数为 nnet 函数。其输入节点的个数与输入变量的数量相同，处理二分类和回归问题时输出节点为 1 个，多分类问题输出节点数等于输出变量数。网络结构的层数固定为 3 层，而隐层的层数为 1 层，每层隐节点的个数由用户自由设定。

nnet 函数的书写格式如下：

nnet（输出变量～输入变量，data = 数据集，size = 隐节点个数，linout = FALSE，entropy = FALSE，maxit = 100，abstol = 1.0e-4...）

其中，

（1）数据集为提前读取好的输入变量与输出变量的数据框。

（2）参数 size 表示隐节点的个数，如果为 0 表示没有隐层。

（3）参数 linout 用于设定激活函数的形式。可以取值为“TRUE”或“FALSE”，前者表示输出节点的激活函数为线性函数（$f(U_j)=U_j$，如基于线性回归的预测），后者表示非线性函数（默认为 sigmoid 函数），对于传统 BP 网络应该选择“FALSE”。

（4）参数 entropy 用于设定损失函数形式是否为交互熵，默认取值为“FALSE”，采用误差平方和形式。

（5）参数 abstol 用于设定迭代终止的条件，默认值为 0.0001。当权重调整的最大值大于等于设定值时，停止迭代计算。

（6）参数 maxit 同样用于设定迭代终止的条件，默认值为 100。当迭代次数达到该设定值时，停止迭代计算。

nnet 函数返回的结果主要有以下内容。

（1）wts 表示各个节点的连接权重。

（2）value 表示迭代结束时的损失函数值。

（3）fitted.values 表示预测结果。

8.4.4 用 nnet 处理鸢尾花分类问题

基于 R 软件对鸢尾花分类问题进行人工神经网络建模分析的程序代码如下。

```
#安装包与数据分类
>library(nnet)
>data("iris")
>set.seed(2)
>ind = sample(2, nrow(iris), replace = TRUE, prob = c(0.7, 0.3))
>trainset = iris[ind = = 1,]
>testset = iris[ind = = 2,]

#使用 nnet 包训练神经网络
>iris.nn = nnet(Species～., data = trainset, size = 2, abstol = 0.01, maxit = 200)
# weights:19
>initial   value 114.539765
>iter   10 value 52.100312
>iter   20 value 50.231442
```

```
...
>iter 200 value 1.814746
>final   value   1.814746

#使用模型 iris.nn 模型完成对测试数据集的预测并生成混淆矩阵
>iris.predict = predict(iris.nn, testset, type = "class")
>nn.table = table(testset$Species, iris.predict)
>nn.table
            iris.predict
             setosa    versicolor  virginica
  setosa       17          0           0
  versicolor   0          13           1
  virginica    0           2          13
```

本例中生成的神经网络包含 2 个隐节点，损失函数形式选用误差平方和，一共有 19 个连接，将权重最大终止量小于 0.01 设定为迭代终止标准，最大迭代次数为 200 次。

8.5　小　　结

本章主要介绍了人工神经网络在数据挖掘领域的一些基本应用。首先对人工神经网络的历史起源和模型基本结构进行了简要的介绍，从感知机模型这种神经网络最基本的模型入手，对其运行的原理和应用形式进行学习；其次，重点介绍了目前应用最多、最广泛的 BP 神经网络算法模型；最后，以 R 语言中的两个常用程序包为例，讲述在面对实际问题时如何运用软件程序实现神经网络的模型训练。

思考题与练习题

1. 讨论 BP 神经网络处理分类问题的原理，并举例说明此网络的应用。
2. 简述 BP 神经网络算法的优缺点。
3. 简述 BP 神经网络算法的学习过程。